结构与土体相互作用研究

周先成◎著

中国建筑工业出版社

图书在版编目（CIP）数据

结构与土体相互作用研究 / 周先成著. -- 北京：
中国建筑工业出版社, 2025. 2. -- ISBN 978-7-112
-30839-2

Ⅰ. TU4

中国国家版本馆 CIP 数据核字第 2025BF5547 号

本书介绍了结构与土体相互作用研究，具体包括挡墙与土体的相互作用力计算以及隧道开挖对管线的影响研究。全书共分为 6 章。第 1 章是挡墙与土体相互作用介绍；针对挡墙与土体相互作用的研究现状等内容做了详细论述。第 2 章是基于双剪统一强度理论的库仑土压力研究；基于双剪统一强度理论建立了非饱和土的双剪库仑主动土压力统一解。第 3 章是基于三剪统一强度准则的朗肯土压力研究；基于三剪统一强度准则推导了非饱和土三剪朗肯主动及被动土压力统一解。第 4 章是基于三剪统一强度准则的库仑土压力研究；推导了非饱和土的三剪库仑主动及被动土压力统一解。第 5 章是管线与土体相互作用介绍；主要包括隧道开挖引起的地层变形的描述方法，管线安全运行的常用标准，隧道开挖对地埋管线影响的分析方法。第 6 章是非连续地埋管线的线性简化评估方法；得到了非连续管线控制方程。

本书可供土木工程、地质工程、交通工程等专业的教师、研究生、本科生和工程科技人员参考。

责任编辑：刘瑞霞
文字编辑：王　磊
责任校对：张惠雯

结构与土体相互作用研究

周先成　著

*

中国建筑工业出版社出版、发行（北京海淀三里河路 9 号）

各地新华书店、建筑书店经销

国排高科（北京）人工智能科技有限公司制版

建工社（河北）印刷有限公司印刷

*

开本：787 毫米×1092 毫米　1/16　印张：9½　字数：157 千字

2025 年 3 月第一版　　2025 年 3 月第一次印刷

定价：**46.00** 元

ISBN 978-7-112-30839-2

（44056）

前 言

随着社会经济的发展，对地下空间的开发和利用已经成为一个重要而急迫的课题。在城市地下空间的开发和利用进程中，挡墙和管线是不可或缺的结构元素。研究结构与土体的相互作用规律，确保挡墙及管线等结构运行的安全性，已经成为行业关注的重点。

挡墙是地下空间建设的重要结构，而挡墙所承受的土压力也是岩土工程的基本问题之一。不同的强度准则对土压力计算结果的影响非常明显，因此，选择合适的强度准则，可以在确保安全的前提下极大程度地节省工程费用，具有十分重要的安全与经济意义。同时，市政管线大量分布于地下空间，为城市正常运行发挥着不可替代的作用。隧道开挖会对邻近土体产生扰动，进而引起地埋管线的附加受力和变形，甚至引发工程事故。因此，需要对隧道开挖对管线的影响进行分析，为地埋管线的安全运行提供保障。将管线视为 Euler-Bernoulli 梁及地基视为 Winkler 模型的方法概念明确、计算简便，其结果精度也能满足工程需求，得到了学者及工程师的广泛认可。但目前大多研究中对管线的接头性质考虑不够全面，没有形成便于工程应用的简化评估方法。因此，对管线与土体相互作用进行研究也十分必要。

本书采用理论分析等方法开展了结构与土体相互作用研究，主要内容包括以下几个方面：

基于双剪统一强度理论和三剪统一强度准则，以非饱和土体为研究对象，结合已有的非饱和土抗剪强度计算公式，用经典的朗肯及库仑土压力理论进行推导，综合考虑强度准则差异、中间主应力效应、基质吸力、有效内摩擦角、基质吸力角等因素的影响，对非饱和土的主动土压力及被动土压力进行研究。

主要研究内容和结论包括：

将双剪统一强度理论和双应力状态变量抗剪强度双剪统一解相结合，根据滑楔体静力平衡条件得出非饱和土的双剪库仑主动土压力统一解和被动土压力统一解。该结果考虑了中间主应力效应、基质吸力等因素影响，包含了一系列现有饱和土及非饱和土土压力计算公式，是更加符合实际情况的非饱和土土压力计算方法。

对现有经典的朗肯土压力公式进行改进，基于三剪统一强度准则，根据应力极限平衡理论，结合非饱和土抗剪强度三剪统一解，推导出非饱和土三剪朗肯土压力统一解。所得结果可用于求解墙背竖直光滑、填土水平条件下，非饱和土的主动土压力及被动土压力问题。该计算公式可以考虑中间主应力及基质吸力的影响，同时克服了双剪统一强度理论下的双重破坏角问题。

基于三剪统一强度准则，考虑中间主应力效应及基质吸力等因素的影响，推导出非饱和土的三剪库仑土压力统一解。该统一解可以考虑基质吸力、中间主应力效应及墙背倾角、填土倾角、外摩擦角、黏聚力等因素的影响。并分析了各个参数对非饱和土三剪库仑土压力统一解的影响。

考虑管土相对刚度、接头相对刚度及接头位置，提出了可考虑接头位置的理论方法，建立了隧道开挖对非连续地埋管线影响的线弹性简化评估方法。基于改进的Winkler地基模型，考虑接头偏移距离影响因素，得到了可考虑任意接头位置及不同土体沉降的非连续管线控制方程。通过与弹性理论、现场试验和离心试验对比说明了理论计算方法的合理性。对管土相对刚度、接头相对刚度、管节相对长度等参数对管线响应的影响规律进行详细分析。基于参数分析结果，结合非连续管线接头与连续管线对应位置弯矩的比值关系，建立了可考虑多种参数对管线影响的简化评估方法。通过对现场试验及离心试验结果的计算对比，验证简化评估方法的适用性。

本书研究得到以下项目的资助：国家自然科学基金项目（41202191），陕西省自然科学基础研究计划项目（2015JM4146），国家自然科学基金重点项目（51738010），国家重点研发计划课题（2016YFC0800202），山西工程科技职业大学高层次人才科研启动费（RCK202211），在此表示感谢！同时对长安大学赵均海教授及同济大学黄茂松教授对作者科研工作的指导致以衷心感谢！

虽然作者尽了极大努力，但书中难免仍有疏漏和不妥之处，恳请读者和各位专家批评指正。

周先成

山西工程科技职业大学

目　录

CONTENTS

V

第5章　管线与土体相互作用介绍 ···························· 73

第 1 章

挡墙与土体相互作用介绍

第 1 章

桩基与土体相互作用

结构与土体相互作用研究

1.1 研究背景及意义

当今社会经济蓬勃发展，城市化进程高效推进，中部崛起战略和西部大开发战略也得到了全面的实施。在城市全面建设的进程中，对地下建筑与工程的研究和建设已经成为 21 世纪的一个重要课题。目前，各种用途的地下空间结构开始在生活中占有越来越重要的地位，比如地铁车站、地下商场、矿井建设等。显而易见，城市的运行和发展以及经济的繁荣都离不开城市地下空间的现代化建设。同时地下空间的建设与维护也是提高城市立体空间利用率、解决城市中心建设用地紧张问题、提高人民生活水平和增加交通便利性的重要手段。在地下建筑与工程设施的建设过程中，必然会涉及有关非饱和土的问题。

我国非饱和土的分布十分广泛[1]，大部分地区的降水量都小于蒸散量。在这些降水量不足的地区，地表附近处土体一般在地下水位之上，因而处于非饱和状态，中西部气候比较干旱的地区更是如此。在非干旱地区非饱和土也大量存在，如土坝、路基填土等都处于非饱和状态。这些广泛分布的非饱和土与岩土工程问题密切相关。

在工程建设中，有关非饱和土的问题并不少见，降雨引起湿陷性黄土沉降，膨胀性土膨胀导致结构物产生开裂，降雨诱发的滑坡，在开挖非饱和土中的隧道时遇水后的塌陷等[2]。由于缺乏对非饱和土力学性质的深刻理解，同时在实际工程建设中也缺乏合适的理论进行指导，因此引发了很多工程事故，给人民生命财产造成了巨大的损失。而且随着很多城市地下水开采程度的加剧，使地下水位在未来一段时间内呈下降的趋势，土的非饱和性对土压力研究等问题的影响越来越大，深入地研究非饱和土的特性十分有必要。

从 20 世纪 30 年代开始，有关专家学者开始对非饱和土进行研究。非饱和土力学涉及的有关领域包括水力学、土力学以及土壤物理学等学科[3]，在传统土力学的研究中，土是由颗粒（固相）、水（液相）和气（气相）所组成的二相分散体系。因此，以水在土孔隙中的填充程度为标准，可以将土分为饱和土及非饱和土。非饱和土与饱和土非常重要的一个区别是相的组成不同。除了固体颗粒、孔隙水、孔隙气三相，非饱和土在液-气交界面上的收缩膜被作为一个独立相来研究，是非饱和土的第四相。非饱和土在交界面上最重要的性质之一是基质吸力。因此，基于非饱和土的四相理论，考虑非饱和土的基质吸力，非饱和土的研究变得更为系统和深入。很多岩土相关建筑工程，比如深基坑的开挖和支护、隧道的设计和施工、滑坡的预防和治理，都与非饱和土特有的性质密切相关[4]。然而目前在实际工程建设中，广泛采用的主要是饱和土力学理论。饱和土仅是非饱和土的一种特殊情况，采用饱和土力学理论无法正确地分析非饱和土问题。因此，为了对土体有更为全面和正确的认识，并且更合理地描述土体的性质，根据非饱和土的特性，结合工程实际，进行合理的非饱和土理论研究是一个重要而急迫的课题。

饱和土力学的研究已经取得了丰富的成果，并广泛应用于城市的现代化建设。相应的结论得到了实践的检验，获取了十分宝贵的经验。工程设计人员在实际的地下建筑和结构的设计中，大多以现有的饱和土力学为基础的参考理论。因此，为了便于对非饱和土理论在工程设计和应用进行推广，可以在非饱和土理论研究完善的过程中，着重参考饱和土力学所采用的基本概念和研究方法[5]。把握非饱和土力学和饱和土力学的本质区别，学习饱和土力学的基本概念、研究过程和所得结论，对其加以吸收利用和改进，并考虑非饱和土特有性质指标的影响，参考饱和土理论中研究方法和所得结论，得到形式相近、易于理解的非饱和土理论，从而减小将非饱和土理论应用于实践的难度。这种研究观点已经为众多学者所接受，并且是研究非饱和土理论的有效方法之一[6]。

经典的莫尔-库仑强度准则在土力学理论中有着广泛的应用，到目前为止，大多数土压力的计算都是建立在莫尔-库仑准则之上，这一准则的一大缺点是没有考虑中间主应力对土体的影响。已有非饱和土的真三轴试验[7-11]表明：中间主应力对非饱和土的强度具有显著影响。而俞茂宏教授[12-13]提出的双剪统一强度理论和胡小荣教授[14-15]提出的三剪统一强度准则，可以合理地考虑中间主应力效应，并且得到了广泛的认可和应用[16-18]。

本书在已有研究的基础上，基于双剪统一强度理论和三剪统一强度准则，考虑中间主应力效应，结合非饱和土在液-气交界面上的收缩膜处的基质吸力，分别采用经典的应力极限平衡理论和滑动土楔静力平衡的研究方法对非饱和土的主动及被动土压力问题进行深入的研究，得到非饱和土体土压力的理论计算公式，并分析了中间主应力、有效内摩擦角、基质吸力等因素对土压力的影响，对挡土墙等支护结构的设计提供借鉴，发掘土体的潜力，带来一定的经济效益。

1.2　国内外研究现状

随着有限元的发展与计算机的广泛应用，许多学者开始采用数值分析的方法[19-20]来分析模拟结构的土压力问题。采用这种方法经济成本较低，分析周期短，便于后期的调整和计算，具有一定的优点。但是，计算机的内部计算过程并不完全可见，并且土体的强度指标在很大程度上影响有限元软件的计算结果，强度指标的小幅度改变就可能造成计算结果很大的变动，这与理论分析和工程实际都有不符之处。并且由于现场条件的限制，精确测量所需的全部数据有很大的难度，另外，屈服破坏准则的选择、计算因素的确定等方面也对计算分析有着一定程度的影响。由于这些困难，采用有限元方法进行地下工程的研究和设计很少有创新性的发展。理论分析因其概念明确、逻辑清晰、易于理解等优点在岩土领域中占有极其重要的地位。理论分析在自身不断完善的过程中，也极大地影响着有限元方法的研究和实际的工程建设。结构的极限承载能力是理论研究和结构设计的重要方面，朗肯土压力理论和库仑土压力理论就是根据结构的极限承载能力得到的经典成果。因此，基于极限平衡理论的应力极限法和滑楔体静力平衡的土压力计算方法，仍然在理论和实际建设中有着十分重要的地位。

1776 年，Coulomb 对土体的抗剪强度理论做了深入的研究[21]，在大量砂土剪切试验的基础上，根据试验结果，提出砂土抗剪强度公式。后来又将所得结果进行拓展，对有黏聚力的黏性土进行研究，通过试验验证，提出适合黏性土的抗剪强度公式。无黏性土（如砂土）的抗剪公式是黏性土抗剪公式的特例。库仑公式得到了广泛的认可和应用，为土的抗剪强度研究奠定了坚实的基础。但库仑公式仅考虑了黏聚力和内摩擦角对抗剪强度的影响，没有考虑到孔隙水和孔隙气体的作用。

随着土的三相理论的提出和固结理论的发展，土体的抗剪机理得到了进一步的认识。研究者发现在土壤中，由土骨架来承担其中的剪应力，孔隙水并不能增加土的抗剪强度。同时，包含孔隙水压力的总法向应力并不是土体抗剪强度的决定性因素，由土骨架承担有效法向应力才是获得土的抗剪强度的重要参数。土的抗剪强度公式应包含土的有效应力。饱和土的有效应力概念在 1925 年由 Terzaghi 提出[22]，有效应力等于总应力减去孔隙水压力，他还提出了用土的有效黏聚力、土的有效内摩擦角、作用在剪切面上的有效法向应力、孔隙水压力表示的土的抗剪强度公式。

1959 年，Bishop[23]对非饱和土的抗剪强度公式进行了研究。考虑非饱和土液-气交界面上的基质吸力，将其与有效应力相结合，提出了非饱和土有效应力的概念和单应力变量的抗剪强度公式，考虑了孔隙水压力、孔隙气压力和饱和度的影响。当饱和度为 1 时，该应力退化为饱和土的有效应力。Bishop 有效应力及其抗剪强度公式对非饱和土的研究意义重大，引起了广泛的关注。但其系数物理意义不够明确，且所得结果与试验验证并不十分相符，因而在学术界也引起了一些争议[24]。

1962—1967 年，Coleman、Bishop 和 Blight 等[25-27]认为一个应力变量不能正确、全面地描述土的强度特征，根据理论和试验研究，提出了双应力变量理论。将净应力和基质吸力作为独立的物理量分别考虑，用来描述土体的强度特征。双应力变量理论可以考虑有效黏聚力、净法向应力、基质吸力对非饱和土抗剪强度的影响。但当非饱和土中孔隙气体处于非联通的状态时，该理论的正确性仍有待研究。

1977 年，Fredlund 等[28]对非饱和土的抗剪强度进行了系统、深入的研究，设计零位试验验证非饱和土的抗剪强度理论。研究结果表明，用净应力和基质吸力双变量理论来描述土体的抗剪强度，具有合理性和可靠性。用两个应力变量表示的非饱和土抗剪强度公式不仅可以考虑孔隙水压力、孔隙气压力的影响，物理意义也十分明确，为进一步研究非饱和土的土压力问题奠定了良好的理论基础。其研究成果得到了同行大多数专家的认可，并且在此基础之上，很多学者进行了更深一步的研究。

1985 年，吴世明[29]对非饱和无黏性土的动力分析进行了研究，分析了动剪切模量的影响因素。对于细粒无黏性土，除了有效应力和孔隙比之外，饱和度也是影响动剪切模量的重要因素之一。土颗粒间存在的毛细压力增加了土中的有效应力，因此会使动剪切模量增大。在饱和度较低时，存在最适宜的饱和度使小应变幅值增加到最大值，在饱和度较高时，其对动剪切模量的影响可忽略不计。

1993 年，Fredlund[30]系统论述了非饱和土土力学的主要内容，包括土的各相的性质与关系、应力状态变量、土的吸力量测、渗透性量测等内容。并用解析方式和图解方式说明了非饱和土抗剪强度公式,介绍了土的吸力测量等非饱和土特有的知识。总结了已有的研究成果,分析各种工程实录,不断完善理论。其提出的双应力状态变量理论在描述非饱和土的力学性状方面具有明显的优越性,已应用于工程实践。

1996 年,Bolzon 等[31]对非饱和土的单应力变量抗剪强度理论进行了分析和改进,其认为 Bishop 有效应力公式中对抗剪强度有重大影响的参数 χ 难以确定,无明确的物理意义。饱和度 S_r 可以反映非饱和土中孔隙水和孔隙气的关系,并且在试验中容易确定,故应用饱和度 S_r 替代。但在本质上来说,二者公式并无实际差异,并且缺少试验和实践数据支持结论,缺乏说服力。

2003 年,吴剑敏等[32]比较了非饱和土基坑支护上内力的实测值与常用的土压力理论计算值的区别,根据土水特征曲线研究成果,对基坑支护计算提出了新的计算方法,并着重研究了基质吸力在计算中的影响。研究结果表明,考虑基质吸力可以明显减小深坑支护结构承受土压力的计算结果,减少设计过于保守所带来的浪费。若能在实际工程中推广,可以带来巨大的经济效益。

2004 年,姚攀峰等[33-34]认为饱和土的朗肯土压力计算公式已不适宜于解决非饱和土地区的土压力计算问题,对其进行改进,考虑非饱和土水土接触面的影响及工程指标,得到了非饱和土土压力计算公式。将其应用于北京地铁车站基坑工程中理论分析,所得结果和试验测量值吻合良好。土的广义朗肯土压力公式建立了土的试验指标与原位指标的关系,从理论上给出了用土的试验指标得到原位主动(被动)土压力的方法。

2008 年,陈铁林等[35-36]为解决饱和土的真实吸力难以测量的问题,根据变形相同的原则,提出了等效替代的折减吸力法。在非饱和土的抗剪强度理论,静止、主动及被动土压力,非饱和土的膨胀等方面进行计算研究,可以解决水位变化及降水条件下的土压力计算问题和土的膨胀问题。将理论计算结果与试验数据进行对比,两者吻合良好,说明了所得结果的准确性。

2010 年,张常光等[37]发现在以往的非饱和土研究中,均没有考虑中间主应力对非饱和土抗剪强度和土体性质的影响,这将对土体的承载能力计算带来误差,造成巨大的浪费。结合双剪统一强度理论,全面考虑三个主应力的影响,对 Fredlund 提出的非饱和土抗剪强度公式加以完善,建立了考虑中间主应力效应的抗剪强度统一解。所得结果可以极大地发挥土体自身潜力，也说明了选择正确的强度理论在结构设计中有着相当重要的地位。

2013 年，赵均海等[38]分析了经典库仑土压力的不足及在非饱和土应用方面的局限性，结合非饱和土特性，考虑全部主应力影响，建立了非饱和土库仑主动土压力统一解。所得双剪库仑主动土压力统一解在一定条件下，可以退化为双剪朗肯主动土压力统一解，朗肯主动土压力统一解为其特例。并分析了墙背倾角、填土倾角等因素对土压力的影响，所得结论有很好的实用性，可以更好地适应工程的复杂情况。

2014 年，陈正汉[39]深入研究了非饱和土和特殊土的强度变化规律、水气特性影响、微观结构组成等问题，提出了各向异性多孔介质的有效应力原理，对非饱和土的固结理论和其数学模型进行详细的阐述。其在试验过程中采用的试验仪器（如多功能三轴试验仪等）在国内处于非常领先的水平，得到了大量可靠的宝贵资料，使得其分析具有深厚的试验基础。用数值分析的方法求得非饱和土的数值解，具有重大的工程意义。

2015 年，任传健等[40]考虑地下水位变化及降雨条件的影响，根据 Fredlund 非饱和土抗剪强度准则和经典的朗肯土压力计算方法，得到了考虑降水条件的非饱和土土压力计算公式，并采用了粉质黏土的物性指标试验等试验进行验证。运用所得公式和试验成果分别研究水土接触面吸力作用及渗流状态对非饱和土土压力的影响，分析土压力变化情况，比较了主动土压力和被动土压力在基质吸力变化时的变动规律。

2015 年，赵均海等[41]建立了非饱和土库仑被动土压力的统一解。所得结果综合考虑了所有主应力及非饱和土吸力特性对被动土压力的影响。在墙背竖直光滑、填土水平情况下，可以退化为双剪朗肯被动土压力统一解。分析了基质吸力角等参数对非饱和土双剪库仑被动土压力统一解的影响。研究结果表明，所得双剪库仑被动土压力统一解具有广泛的适用性，可以根据实际情况，灵活选择中间主应力参数的取值，便于工程应用。

1.3 现有研究存在的不足

岩土材料的强度准则是研究土体材料是否发生屈服破坏的判定标准，在土的弹塑性分析、土体抗剪强度研究、土压力计算等方面有着广泛的应用，因而在土力学的研究中占有极其重要的地位。在岩土工程中，常见的强度准则有 Mohr-Coulomb（莫尔-库仑）、Drucker-Prager 强度准则等。Mohr-Coulomb 强度准则是考虑材料内摩擦情况下 Tresca 强度准则的推广，应用最为广泛。而 Drucker-Prager 强度准则是在 Mises 强度准则的基础上，增加了一个静水压力的项，以考虑静水压力带来的影响。但 Mohr-Coulomb 强度准则只考虑了第一主应力和第三主应力对抗剪强度的影响，没有考虑第二主应力的作用。Drucker-Prager 强度准则虽然考虑了全部三个主应力的影响，但不能考虑材料的 SD 效应。用这些理论计算的结果与试验值有明显差异[12]。

地球上的土体分布广泛，所处情况复杂，在三向受力状态下，只考虑第一主应力及第三主应力不符合土体的实际状况。已有的研究表明，第二主应力对土体材料有着非常显著的影响[42-47]。用 Mohr-Coulomb 等强度准则不能全面准确地来研究土体性质，所以需要寻找新的强度准则来考虑材料的中间主应力效应以及材料的 SD 效应。除了能考虑上述两个因素，新的强度准则需要和 Mohr-Coulomb 等强度准则建立明确的关系，这样便于对现有的成果进行改进并应用于工程实践。

俞茂宏提出的双剪统一强度理论[48-49]可以考虑全部主应力对材料的影响和材料的 SD 效应，能客观、全面地反映土体的性质。双剪强度理论在 π 平面的极限线是所有外凸极限线的上限，包含一系列的屈服准则。随中间主应力参数的变化，其屈服面可以从 Mohr-Coulomb 准则的极限线逐渐向外扩展，到达外凸极限线的上限后，若中间主应力系数继续增大，可以得到一系列的非外凸的屈服准则。在不同的情况下，双剪统一强度理论可以退化为 Mohr-Coulomb 屈服准则、双剪屈服准则、Mises准则的线性逼近式等等，具有广泛的适用性。

胡小荣等[14-15]在双剪统一强度理论的基础之上，提出了三剪统一强度准则。Mohr-Coulomb 强度准则只考虑了最大剪应力及其面上正应力的影响，双剪统一强度理论考虑了两个较大主剪应力及其面上正应力的作用。而从理论上说，最小剪应力及作用面上的正应力对材料的性质也有一定的影响。三个主剪面应力及其面上作用的正应力可以看成一个整体，以每个主剪应力面上的正应力和剪应力为一个组合，来研究这个组合对材料性质的影响。

双剪统一强度理论和三剪统一强度准则均全面考虑了三个主应力及材料拉压异性对材料屈服破坏的影响，都可以在一定条件下退化为 Mohr-Coulomb 屈服准则等强度准则，考虑因素更为全面，同时也便于应用，可以避免只考虑最大主应力及最小主应力带来的计算保守等问题。

1.4 本书研究内容和结论

理论分析方法具有坚实的理论基础和严密的推导过程，便于理解推广，因此得到广泛应用。本书基于双剪统一强度理论和三剪统一强度准则，以非饱和土体为研究对象，用应力极限平衡理论的极限应力法和滑动土楔体的静力平衡方法推导，与已有的非饱和土抗剪强度计算公式相结合，考虑全部主应力，结合非饱和土的特性进行理论推导，得到了非饱和土的主动土压力及被动土压力的统一解。

将双剪统一强度理论和双应力状态变量抗剪强度双剪统一解相结合，根据滑楔体静力平衡条件得出非饱和土的双剪库仑主动土压力统一解和被动土压力统一解。该结果考虑了中间主应力效应、基质吸力等因素影响，包含了一系列现有饱和土及非饱和土土压力计算公式，是更加符合实际情况的非饱和土土压力计算方法。在形式上双剪库仑主动土压力统一解与常用广义库仑理论所得到的主动土压力公式在形式上保持一致，便于实际应用。双剪库仑被动土压力统一解与双剪朗肯被动土压力统一解相比，可以考虑更多工程状况。

根据应力极限平衡理论，基于三剪统一强度准则，结合非饱和土抗剪强度三剪统一解，推导了基于三剪统一强度准则的非饱和土的三剪朗肯土压力统一解。传统的朗肯土压力计算结果在所得结果之内。该结果可用于求解墙背竖直光滑、填土水平条件下，非饱和土的主动土压力及被动土压力问题。该计算公式还克服了双剪统一强度理论下的双重破坏角问题。

基于三剪统一强度准则，考虑中间主应力效应及基质吸力等因素的影响，推导了非饱和土的三剪库仑土压力统一解。该统一解可以考虑基质吸力、中间主应力、墙背倾角、填土倾角、外摩擦角、黏聚力的影响。分析了上述因素对三剪库仑土压力的影响和产生影响的原理。系统论述了本书所得三种土压力统一解的递进关系及各自的特性和适用范围，便于继续深入研究和进行工程应用的推广。

第 **2** 章

基于双剪统一强度理论的
库仑土压力研究

第 2 章

基于双剪统一强度理论的
单桩土压力研究

结构与土体相互作用研究

2.1　引言

人们对空间的利用开始向立体化发展,在高层建筑蓬勃发展的同时,各种用途的地下空间结构开始在生活中占有越来越重要的地位,比如地铁车站、地下商场、矿井建设等。显而易见,城市的运行和发展以及经济的繁荣都离不开城市地下空间的现代化建设。同时地下空间的建设与维护也是提高城市立体空间利用率、解决城市中心建设用地紧张问题、提高人民生活水平和增加交通便利性的重要手段。在地下建筑与工程设施的建设过程中,必然会涉及有关非饱和土的问题。

非饱和土的土压力问题一直是学者们研究的重点,多数研究人员将非饱和土特性与饱和土已取得的研究成果[50]联系起来,进行非饱和土土压力的研究,并取得了一定的进展。经典的朗肯土压力理论由于概念明确、应用广泛,因此被延伸应用到非饱和土领域。而由于计算较为复杂,对经典的库仑土压力在非饱和土领域的拓展比较少见。

赵均海等[41]建立了非饱和土库仑主动土压力统一解。但所得公式形式过于复杂,并且与工程中常用的库仑理论在形式上相差较远,不便于在饱和土的基础上进行推广。因此,本书考虑土体材料的全部应力分量,结合广义库仑理论,推导了另一种基于双剪统一强度理论的非饱和土的库仑主动土压力统一解,并分析了其计算结果变化的原因和影响计算结果的因素。

2.1.1　双剪统一强度理论

1991 年,在对强度理论长期研究的基础之上,俞茂宏提出了双剪统一强度理论。双剪统一强度理论能够适用于各种材料,可以考虑双剪单元体上的全部应力分量和它们对材料的不同影响,可以考虑材料的 SD 效应。在参数取不同的值时,变化为一系列强度准则,对应的极限线从 Mohr-Coulomb 准则极限线连续变化到双剪屈服准则极限线,包含了所有外凸形强度准则的极限线,还可以得到非外凸形的强度准则，在岩土工程[39,51-53]及其他众多领域[54-58]有着广泛的应用。主应力形式的统一强度理论为：

$$\begin{cases} F = \sigma_1 - \dfrac{\alpha}{1+b}(b\sigma_2 + \sigma_3) = \sigma_t & \sigma_2 \leqslant \dfrac{\sigma_1 + \alpha\sigma_3}{1+\alpha} \\ F' = \dfrac{1}{1+b}(\sigma_1 + b\sigma_2) - \alpha\sigma_3 = \sigma_t & \sigma_2 \geqslant \dfrac{\sigma_1 + \alpha\sigma_3}{1+\alpha} \end{cases} \tag{2.1}$$

其中：

$$\alpha = \frac{\sigma_t}{\sigma_c} \quad b = \frac{(1+\alpha)\tau_0 - \sigma_t}{\sigma_t - \tau_0} \tag{2.2}$$

式中：F、F' 为根据不同应力条件所选择的强度函数，由两式组成；σ_1、σ_2、σ_3 分别为最大主应力、中间主应力、最小主应力；α 为反映材料 SD 效应的参数，是材料的拉伸强度极限与压缩强度极限的比值；σ_t 为材料的拉伸强度极限；σ_c 为材料的压缩强度极限；τ_0 为材料的剪切强度极限；b 为与材料拉伸强度和剪切强度有关的参数，可以反映中间主切应力对材料强度性能的影响，同时根据 b 的不同取值也可以得到不同的强度准则，当 $0 \leqslant b \leqslant 1$ 时，强度准则对应的极限面为外凸形，当 $b < 0$ 或 $b > 1$ 时，强度准则对应的极限面为非外凸形。当 b 取不同数值时，统一强度理论可以退化为或线性逼近 Mohr-Coulomb 强度准则、Drucker-Prager 强度准则或双剪强度准则等强度准则。

岩土工程中一般习惯假定以压应力为正，拉应力为负，将强度准则表示为剪切强度参数 c_0 和正应力影响参数 φ_0（一般称为黏聚力和内摩擦角）的函数，α、σ_t 与 c_0、φ_0 存在如下关系：

$$\alpha = \frac{1 - \sin\varphi_0}{1 + \sin\varphi_0} \quad \sigma_t = \frac{2c_0 \cos\varphi_0}{1 + \sin\varphi_0} \tag{2.3}$$

则统一强度理论的数学表达式分别为：

$$\begin{cases} F = \dfrac{1 - \sin\varphi_0}{1 + \sin\varphi_0}\sigma_1 - \dfrac{1}{1+b}(b\sigma_2 + \sigma_3) = \dfrac{2c_0 \cos\varphi_0}{1 + \sin\varphi_0} \\ \qquad \sigma_2 \leqslant \dfrac{1}{2}(\sigma_1 + \sigma_3) - \dfrac{\sin\varphi_0}{2}(\sigma_1 - \sigma_3) \\ F' = \dfrac{1 - \sin\varphi_0}{(1+b)(1 + \sin\varphi_0)}(\sigma_1 + b\sigma_2) - \sigma_3 = \dfrac{2c_0 \cos\varphi_0}{1 + \sin\varphi_0} \\ \qquad \sigma_2 \geqslant \dfrac{1}{2}(\sigma_1 + \sigma_3) - \dfrac{\sin\varphi_0}{2}(\sigma_1 - \sigma_3) \end{cases} \tag{2.4}$$

在平面应变条件下，由文献[48]、文献[59]和文献[60]可以得到第二主应力与第一及第三主应力间的关系：

$$\sigma_2 = \frac{m}{2}(\sigma_1 + \sigma_3) \tag{2.5}$$

式中：m 为中间主应力系数，可以反映中间主应力大小对材料性质的影响，$0 < m \leqslant 1$。通常情况下，在弹性区，可取 $m = 2\nu$（ν 为材料的泊松比）；在塑性区，$m \to 1$，可假定 $m = 1$[38]。

挡土墙的横向尺寸一般远远大于挡土墙的墙高及墙厚，沿横向的应变可假设为0，故研究挡土墙的土压力问题时，可将其视为平面应变问题。本书在研究挡土墙土压力问题的过程中，取 $m = 1$，则有：

$$\sigma_2 = \frac{1}{2}(\sigma_1 + \sigma_3) \leqslant \frac{1}{2}(\sigma_1 + \sigma_3) - \frac{\sin\varphi_0}{2}(\sigma_1 - \sigma_3) \tag{2.6}$$

由双剪统一强度理论的应力判别条件可知，在挡土墙土压力问题中，应选择双剪统一强度理论式(2.4)中的第二式。

将式(2.5)和 $m = 1$ 代入式(2.4)中的第二式，为了便于工程应用，可将所得结果整理成与 Mohr-Coulomb 强度准则在形式上一致的表达式：

$$\frac{\sigma_1 - \sigma_3}{2} = \frac{\sigma_1 + \sigma_3}{2}\sin\varphi_t + c_t\cos\varphi_t \tag{2.7}$$

其中：

$$\begin{cases} \varphi_t = \arcsin\dfrac{2(1+b)\sin\varphi_0}{2(1+b) + b(\sin\varphi_0 - 1)} \\ c_t = \dfrac{2(1+b)c_0\cos\varphi_0}{2(1+b) + b(\sin\varphi_0 - 1)} \cdot \dfrac{1}{\cos\varphi_t} \end{cases} \tag{2.8}$$

式中：c_t 为统一黏聚力；φ_t 为统一内摩擦角。

2.1.2　非饱和土抗剪强度双剪统一解

抗剪强度理论和公式[26,61-66]在土体的强度及稳定性方面有重大的影响，因而许多专家和学者都提出了相关的抗剪强度理论。Bishop 和 Blight[26]考虑非饱和土液 气交界面上的基质吸力，将其与有效应力相结合，提出了非饱和土有效应力的概念和单应力变量的抗剪强度公式。

$$\tau_{\mathrm{f}} = c' + [(\sigma - u_{\mathrm{a}}) + \chi(u_{\mathrm{a}} - u_{\mathrm{w}})] \tan \varphi' = c' + (\sigma - u_{\mathrm{a}}) \tan \varphi' + \chi(u_{\mathrm{a}} - u_{\mathrm{w}}) \tan \varphi'$$

$$(2.9)$$

式中：τ_{f} 为非饱和土的抗剪强度；c' 为非饱和土的有效黏聚力；σ 为总应力；u_{a} 为孔隙气压力；u_{w} 为孔隙水压力；φ' 为饱和土的有效内摩擦角；χ 为有效应力参数。

当饱和度为 1 时，该应力退化为饱和土的有效应力。Bishop 有效应力及其抗剪公式对非饱和土的研究意义重大，引起了广泛的关注。但其系数物理意义不够明确，且所得结果与试验验证并不十分相符，因而在学术界也引起了一些争议[24]。

Fredlund 等[61]用净应力和基质吸力双变量理论来描述土体的抗剪强度，提出的非饱和土的抗剪强度公式为：

$$\tau_{\mathrm{f}} = c' + (\sigma - u_{\mathrm{a}}) \tan \varphi' + (u_{\mathrm{a}} - u_{\mathrm{w}}) \tan \varphi^{\mathrm{b}} \qquad (2.10)$$

式中：φ^{b} 为与基质吸力相关的角，简称为基质吸力角。根据抗剪强度和净法向应力的曲线，由图形斜率可以确定基质吸力角 φ^{b} 值的大小。用两个应力变量表示的非饱和土抗剪强度公式不仅可以考虑孔隙水压力、孔隙气压力的影响，物理意义也十分明确，为进一步研究非饱和土的土压力问题奠定了良好的理论基础。

Mohr-Coulomb 强度准则在岩土领域中应用最为广泛，Bishop 和 Fredlund 提出的非饱和土抗剪强度公式以及其他很多形式的非饱和抗剪强度公式[62-66]，均是基于这一强度准则建立的。但由此得到的土压力解答或其他结论，只考虑了最大主应力和最小主应力的影响，对处于复杂应力状态的土体材料来说，显然是不合适的。

张常光等[37]将统一强度理论运用于非饱和土的土压力研究中，考虑全部主应力的影响，结合非饱和土特性，建立了非饱和土抗剪强度统一解：

$$\tau_{\mathrm{f}} = c'_{\mathrm{t}} + (\sigma - u_{\mathrm{a}}) \tan \varphi'_{\mathrm{t}} + (u_{\mathrm{a}} - u_{\mathrm{w}}) \tan \varphi^{\mathrm{b}}_{\mathrm{t}} \qquad (2.11)$$

$$\begin{cases} \sin \varphi'_{\mathrm{t}} = \dfrac{b(1-m) + (2+b+bm)\sin \varphi'}{2 + b(1 + \sin \varphi')} \\[2mm] \sin \varphi^{\mathrm{b}}_{\mathrm{t}} = \dfrac{2(1+b)\sin \varphi^{\mathrm{b}}}{2 + b(1 + \sin \varphi^{\mathrm{b}})} \\[2mm] c'_{\mathrm{t}} = \dfrac{2(1+b)c'\cos \varphi'}{2 + b(1 + \sin \varphi')} \dfrac{1}{\cos \varphi'_{\mathrm{t}}} \end{cases} \qquad (2.12)$$

式中：c'_{t} 和 φ'_{t} 分别为统一有效黏聚力和统一有效内摩擦角；$\varphi^{\mathrm{b}}_{\mathrm{t}}$ 为与基质吸力有关

的统一角，简称基质吸力角；m 为中间主应力系数，$0 < m \leqslant 1$；b 为统一强度理论参数，$0 \leqslant b \leqslant 1$（注：角 φ^{b} 角标符号 b 与统一强度理论参数 b 无关，这二者仅是工程惯用表示）。参数 m 从中间主应力的大小反映中间主应力对材料屈服或破坏的影响，统一强度理论参数 b 从对材料屈服或破坏的影响程度方面来反映中间主应力效应。

设 c_{tt} 为统一总黏聚力，则有：

$$c_{\mathrm{tt}} = c_{\mathrm{t}}' + (u_{\mathrm{a}} - u_{\mathrm{w}}) \tan \varphi_{\mathrm{t}}^{\mathrm{b}} \tag{2.13}$$

式(2.11)变为：

$$\tau_{\mathrm{f}} = c_{\mathrm{tt}} + (\sigma - u_{\mathrm{a}}) \tan \varphi_{\mathrm{t}}' \tag{2.14}$$

可见，式(2.14)在形式上与常用的库仑抗剪公式保持一致。

2.2　双剪库仑主动土压力统一解

与非饱和土相比，饱和土力学的发展和研究要长久和深入得多，已经形成了比较全面的理论研究体系。非饱和土研究起步较晚，因此将非饱和土特性和饱和土已有的研究成果结合，推导得出适用于非饱和土的理论，是一种成熟且有效的方法。

土压力是岩土理论中重点研究的问题之一，影响挡土墙土压力大小及其分布规律的因素众多，挡土墙的位移方向和位移量是最主要的因素。根据挡土墙的位移情况和墙后土体的应力状态，可将土压力分为三种。当挡土墙向离开土体方向偏移至墙后土体达到极限平衡状态时，作用在墙背上的土压力称为主动土压力。当挡土墙在外力作用下，向土体方向偏移至墙后土体达到极限平衡状态时，作用在墙背上的土压力称为被动土压力。当挡土墙静止不动，墙后土体处于弹性平衡状态时，作用在墙背上的土压力称为静止土压力。本书主要研究非饱和土的主动土压力及被动土压力。

以张常光提出的基于统一强度理论的非饱和土抗剪强度及土压力统一解为例，可以用统一有效内摩擦角 φ_{t}' 和统一总黏聚力 c_{tt} 分别代替饱和黏性土朗肯土压力中的内摩擦角 φ 以及土的黏聚力 c，得到考虑中间主应力的非饱和土朗肯土压力公式。

赵均海等[41]考虑全部应力分量，通过对非饱和土滑动土体的静力平衡研究，建立了非饱和土库仑主动土压力统一解。但所得公式形式过于复杂，并且与相应的黏性土的广义库仑理论在形式上相差较远，应用起来十分不便，不便于在饱和土的基础上进行推广。

因此，本书基于张常光推导的非饱和土双应力状态变量抗剪强度统一解，考虑全部主应力的影响，结合广义库仑理论，重新推导了基于双剪统一强度理论的非饱和土库仑主动土压力统一解。

2.2.1 公式推导

假设墙背填土为均质的散粒体，滑动破裂面为通过墙踵的平面，滑裂土体被视为刚体，滑动面上的摩擦力均匀分布。假设挡土墙的横向尺寸远远大于其高度和厚度，横向应变可忽略不计，此时挡土墙的问题可视为平面应变问题。如图 2.1 所示，墙体高度为 h，墙后土体为理想均匀的非饱和土，重度为 γ，考虑填土表面裂缝影响，深度为 h_0，挡土墙横截面设计为梯形，墙背倾角为 α，斜面由墙顶向墙踵延伸。墙后填土倾角为 β，一般情况下填土平面向上倾斜。非饱和填土表面作用均匀分布的荷载 q，可能由堆积物或建筑物引起。墙后非饱和填土的有效内摩擦角为 φ'_t，有效黏聚力为 c'，可由直剪试验或三轴压缩试验得出。基质吸力角为 φ^b，根据抗剪强度和净法向应力的曲线的斜率确定。填土与墙背之间的摩擦角为 δ，与墙背的粗糙程度、填土类别、填土条件等有关。非饱和土填土的外黏聚力为 k，沿墙背均匀分布。非饱和土的基质吸力为 $(u_a - u_w)$，在本书分析中，假设其不沿深度发生变化。

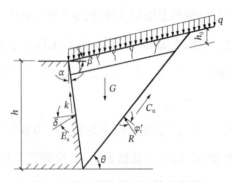

图 2.1　挡土墙与滑动土体示意图

根据黏性土的抗剪强度公式 $\tau_f = c + \sigma \tan \varphi$，可以得到黏性土的广义库仑理论，来计算黏性土的主动土压力。根据非饱和土抗剪统一解 $\tau_f = c_{tt} + (\sigma - u_a)\tan \varphi_t'$，可以得到非饱和土的双剪朗肯土压力统一解。同理，根据基于统一强度理论的非饱和土抗剪强度公式，用统一有效内摩擦角 φ_t' 和非饱和土的统一总黏聚力 c_{tt} 分别代替广义库仑理论的内摩擦角 φ 以及土的黏聚力 c，可以得到双剪库仑主动土压力统一解。

$$E_a = \frac{1}{2}\gamma h^2 K_a \tag{2.15}$$

$$K_a = \frac{\cos(\alpha - \beta)}{\cos\alpha \cos^2\psi}\left\{\begin{array}{l}[\cos(\alpha - \beta)\cos(\alpha + \delta) + \sin(\varphi - \beta)\sin(\varphi_t' + \delta)]k_q + \\ 2k_2\cos\varphi_t'\sin\psi + k_1\sin(\alpha + \varphi_t' - \beta)\cos\psi + \\ k_0\sin(\beta - \varphi_t')\cos\psi - 2\sqrt{G_1 G_2}\end{array}\right\} \tag{2.16}$$

其中：

$$\left\{\begin{array}{l}k_q = \dfrac{1}{\cos\alpha}\left[1 + \dfrac{2q}{\gamma h}\xi - \dfrac{h_0}{h^2}\left(h_0 + \dfrac{2q}{\gamma}\right)\xi^2\right] \\[2mm] k_0 = \dfrac{h_0^2}{h^2}\left(1 + \dfrac{2q}{\gamma h_0}\right)\dfrac{\sin\alpha}{\cos(\alpha - \beta)}\xi \\[2mm] k_1 = \dfrac{2k}{\gamma h \cos(\alpha - \beta)}\left(1 - \dfrac{h_0}{h}\xi\right) \\[2mm] k_2 = \dfrac{2c_{tt}}{\gamma h}\left(1 - \dfrac{h_0}{h}\xi\right) \\[2mm] \xi = \dfrac{\cos\alpha \cos\beta}{\cos(\alpha - \beta)} \\[2mm] h_0 = \dfrac{2c_{tt}}{\gamma}\dfrac{\cos\alpha \cos\varphi_t'}{1 + \sin(\alpha - \varphi_t')} \\[2mm] G_1 = k_q\sin(\delta + \varphi_t')\cos(\delta + \alpha) + k_2\cos\varphi_t' + \cos\psi[k_1\cos\delta - k_0\cos(\alpha + \delta)] \\[2mm] G_2 = k_q\cos(\alpha - \beta)\sin(\varphi_t' - \beta) + k_2\cos\varphi_t' \\[2mm] \psi = \alpha + \delta + \varphi_t' - \beta\end{array}\right. \tag{2.17}$$

式中：q 为填土表面均布荷载；h_0 为地表裂缝深度；c_{tt} 为非饱和土的统一总黏聚力；k 为墙背与填土间的黏聚力。

2.2.2　双剪库仑主动土压力公式退化及比较

本书所得双剪库仑主动土压力统一解综合考虑了全部主应力的影响，结合了规范中所采用的广义库仑理论，并且形式相对来说比较简洁，与已知的广义库仑理论在形式上保持一致，计入了墙后填土面超载、填土黏聚力、填土与墙背之间的粘结力以及填土表面附近的裂缝深度等因素，便于理解和进行工程的应用及推广。

双剪库仑主动土压力统一解可以在不同条件下，退化为基于不同强度准则的主动土压力解，以解决不同情况下的工程问题。当不考虑基质吸力影响、统一强度理论参数 b 取为 0 时，退化为基于 Mohr-Coulomb 准则的饱和土库仑主动土压力公式，所得计算结果与传统的库仑主动土压力公式相同；若考虑基质吸力影响，则当 b 取 0~1 时，统一解可以退化为基于不同强度准则的土压力计算公式，由于考虑中间主应力的影响程度不同，所得结果也会有明显的差异。

双剪库仑主动土压力统一解在不同条件下的退化可以从基本情况说明所得结论的正确性。文献[38]得到了双剪朗肯主动土压力统一解，采用其算例进行数据分析和对比。

假设挡土墙的横向尺寸远远大于其高度和厚度，横向应变可忽略不计，此时挡土墙的问题可视为平面应变问题。墙体高度为 8m，墙后非饱和填土的重度 γ 为 18kN/m，并假设填土为理想的黏性土。有效内摩擦角 φ' 为 22°，有效黏聚力 c' 为 5kPa，基质吸力沿深度设为常数，分别讨论取 0~100kPa 的情况，基质吸力角 φ^b 为 14°。挡土墙背与填土面垂直，不计摩擦力影响，填土平面为与挡土墙顶端等高的水平面，故墙背倾角 α、填土倾角 β、外摩擦角 δ 和外黏聚力 k 取为 0，作用在非饱和填土上表面的均布荷载 q 均取为 0kN/m。

基质吸力 $(u_a - u_w)$ 分别取 0kPa、20kPa、40kPa、60kPa、80kPa、100kPa 时，统一强度理论参数 b 取为 0、0.25、0.5、0.75、1。可以得到 30 种工程状况下主动土压力的解答情况。分别采用双剪库仑主动土压力统一解及文献[38]的双剪朗肯主动土压力统一解方法计算，对比如表 2.1 所示。

双剪库仑主动土压力统一解与文献[38]的比较　　　　表 2.1

基质吸力/kPa	$b=0$		$b=0.25$		$b=0.5$		$b=0.75$		$b=1$	
	E_a/(kN/m)	E_a'/(kN/m)	E_a/(kN/m)	E_a'/(kN/m)	E_a/(kN/m)	E_a'/(kN/m)	E_a/(kN/m)	E_a'/(kN/m)	E_a/(kN/m)	E_a'/(kN/m)
0	210.87	210.87	193.79	193.79	181.51	181.51	172.27	172.27	165.06	165.06
20	165.36	165.36	146.72	146.72	133.44	133.44	123.51	123.51	115.83	115.83

基质吸力/kPa	$b=0$		$b=0.25$		$b=0.5$		$b=0.75$		$b=1$	
	E_a/(kN/m)	E_a'/(kN/m)	E_a/(kN/m)	E_a'/(kN/m)	E_a/(kN/m)	E_a'/(kN/m)	E_a/(kN/m)	E_a'/(kN/m)	E_a/(kN/m)	E_a'/(kN/m)
40	125.37	125.37	106.18	106.18	92.74	92.74	82.85	82.85	75.30	75.30
60	90.91	90.91	72.19	72.19	59.43	59.43	50.28	50.28	43.46	43.46
80	61.98	61.98	44.73	44.73	33.50	33.50	25.80	25.80	20.31	20.31
100	38.57	38.57	23.81	23.81	14.95	14.95	9.41	9.41	5.86	5.86

注：E_a 为本书的计算结果，E_a' 为文献[38]的计算结果。

经典的库仑土压力在题设条件下，所得结果与经典的朗肯土压力结果相同。同理，基于双剪统一强度理论的双剪库仑主动土压力统一解，在题设条件下应与双剪朗肯主动土压力统一解结果也应该相同，表 2.1 的结果充分证明了这一原理，从朗肯与库仑土压力间的关系情况说明了所得结论的正确性。与双剪朗肯主动土压力统一解相比，本书所得解可以考虑墙背倾角 α、填土倾角 β、外摩擦角 δ、外黏聚力 k 等因素的影响。与已有的非饱和土库仑主动土压力计算公式相比，本书所得公式更为简洁，且便于工程应用。

2.2.3 参数分析

影响双剪库仑主动土压力统一解 E_a 的因素较多，有效内摩擦角 φ' 从土体本身的性质产生影响，统一强度理论参数 b 从强度准则的选取产生影响，在基于双剪统一强度理论的理论分析中，常取参数 $b=0$、0.5 和 1 三种情况来进行研究和比较分析；非饱和土的基质吸力 (u_a-u_w) 和基质吸力角 φ^b 因非饱和土液-气交界面上的收缩膜的性质而产生影响；墙背夹角 α 和填土倾角 β 因挡土墙及填土平面的几何角度而产生影响；外摩擦角 δ 和外黏聚力 k 因墙背及墙后土体接触面的摩擦而产生影响。令第 2.2.2 节算例中，$q=10\text{kPa}$、$\alpha=10°$、$\beta=10°$、$\delta=10°$、$k=5\text{kPa}$、$(u_a-u_w)=30\text{kPa}$，进行单因素分析。

1）基质吸力

基质吸力的大小和很多因素有关，如土体颗粒的大小、土的含水率、脱水吸水过程等，具体数值确定下来有一定难度。根据林鸿州等对基质吸力的研究，当墙后土体为砂质粉土时，基质吸力的变化范围可取为 0～120kPa。当基质吸力变化时，所得结果如图 2.2 所示。

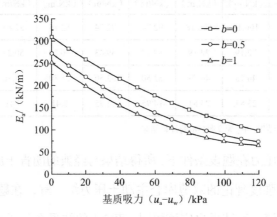

图 2.2　双剪库仑主动土压力 E_a 与基质吸力 $(u_a - u_w)$ 的关系

由图 2.2 可见，基质吸力 $(u_a - u_w)$ 和统一强度理论参数 b 对非饱和土双剪库仑主动土压力 E_a 的影响非常显著。当参数 $b = 0.5$ 时，基质吸力从 0kPa 增加到 120kPa，双剪库仑主动土压力 E_a 从 272.54kN/m 减小到 73.09kN/m，减小了 73.2%，由此可见，双剪库仑主动土压力随基质吸力的增加而减小，且变化速率也逐渐减小。其原因是在非饱和土的抗剪强度公式中，基质吸力贡献的抗剪强度增大，使土体总的抗剪强度增大，增加了土的自承载能力。当基质吸力为 50kPa 时，参数 b 从 0 增加到 1，双剪库仑主动土压力 E_a 从 195.60kN/m 减小到 135.44kN/m，减小了 30.76%，由此可见，中间主应力对双剪库仑主动土压力的影响较大，且参数 b 越大，双剪库仑主动土压力越小，其原因是双剪统一强度理论的极限线是外凸形强度准则的上限，考虑中间主应力可以充分发挥非饱和土的强度潜能。因此，考虑中间主应力的影响可以为工程设计提供新的方法，为工程实践带来可观的经济效益。

2）墙背倾角与填土倾角

本书算例中挡土墙为重力式挡土墙中的俯斜墙背类型，俯斜墙背的坡度缓些对施工有利，但所受的土压力亦随之增加，致使断面增大，因此墙背坡度不宜过缓，通常控制 $\alpha < 21°48'$（即 1∶0.4）。本书以 5° 为增加值，故取墙背夹角为 0°～25°。当采用俯斜墙背时，填土的坡度一般都较为平缓，故取填土倾角为 0°～25° 进行研究。墙背倾角 α 和填土倾角 β 角度发生变化时，双剪库仑主动土压力变化曲线如

图 2.3、图 2.4 所示。

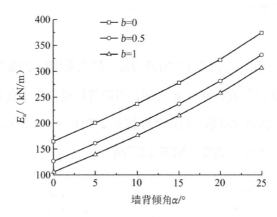

图 2.3　双剪库仑主动土压力 E_a 与墙背倾角 α 的关系曲线

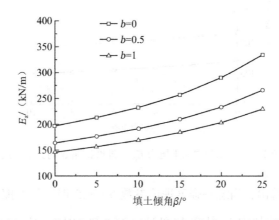

图 2.4　双剪库仑主动土压力 E_a 和填土倾角 β 的关系曲线

　　由图 2.3 及图 2.4 可看出，当统一强度理论参数 $b = 0.5$ 时，墙背倾角 α 从 0°增加到 10°，双剪库仑主动土压力 E_a 从 126.22kN/m 增大到 196.76kN/m，增加了 55.9%。主动土压力 E_a 随墙背倾角 α 的增大而增大，增加速率也逐渐增大。填土倾角 β 从 0°增加到 10°，双剪库仑主动土压力 E_a 从 169.10kN/m 增大到 196.76kN/m，增加了 16.4%。主动土压力 E_a 随填土倾角 β 的增大而增大，增加速率也逐渐增大。当墙背倾角 α 为 5°时，统一强度理论参数 b 从 0 增加到 1，双剪库仑主动土压力 E_a 从 199.39kN/m 减小到 139.42kN/m，减小了 30.1%；填土倾角 β 为 5°时，参数 b 从 0 增加到 1，双剪库仑主动土压力 E_a 从 216.85kN/m 减小到 162.60kN/m，减小了 25.02%。产生如此变化的原因是当墙背倾角及填土倾角增大时，墙后土体体积增大，滑动土楔体重力增加，达到主动极限状态变得困难，故达到极限状态时的主动土压力会随二者的增加而增加。

3）外摩擦角

外摩擦角 δ 的大小取决于墙背的粗糙程度、填土类别以及墙背的排水条件等因素，一般外摩擦角 δ 的取值在 $0° \sim \varphi$ 之间，当墙背粗糙，排水良好时，δ 的取值一般小于 0.5 倍的内摩擦角标准值，故取外摩擦角 δ 在 $0° \sim 10°$ 变化范围分析。非饱和土双剪库仑主动土压力变化曲线，如图 2.5 所示。

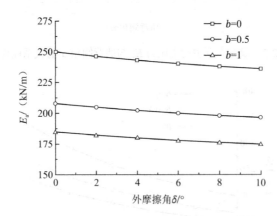

图 2.5　双剪库仑主动土压力 E_a 与外摩擦角 δ 的关系曲线

由图 2.5 可以看出，当统一强度理论参数 $b = 0.5$ 时，外摩擦角 δ 从 $0°$ 增加到 $10°$，双剪库仑主动土压力 E_a 从 201.90kN/m 减小到 191.11kN/m，减小了 5.3%，外摩擦角 δ 增大时，主动土压力计算结果明显降低，对其影响较为明显。当外摩擦角 $\delta = 6°$ 时，统一强度理论参数 b 从 0 增加到 1，双剪库仑主动土压力 E_a 从 240.64kN/m 减小到 178.28kN/m，减小了 25.91%。双剪库仑主动土压力 E_a 随外摩擦角 δ 的增大而减小，其原因是外摩擦角考虑了挡土墙墙背与填土的摩擦效应以及黏聚力等因素的影响，考虑外摩擦角 δ 的作用，可以很大程度上减小挡土墙的圬工体积。

4）有效内摩擦角与基质吸力角

土的有效内摩擦角 φ' 是土体最重要的特性指标之一，是确定土体抗剪强度、土压力计算等问题中的关键影响因素。不同种类土体的有效内摩擦角也各不相同，《工程地质手册》和国家规范等资料中都有不同取值建议。根据《建筑地基基础设计规范》GB 50007—2011 和《公路桥涵设计通用规范》JTG D60—2015 的常用取值，取有效

内摩擦角 φ' 的变化范围为 10°～40°。此时双剪库仑主动土压力有效内摩擦角 φ' 的变化曲线如图 2.6 所示。基质吸力角 φ^b 表示抗剪强度随基质吸力而增加的速率，由非饱和土力学可知 φ^b 值小于或等于 φ' 值，所以取 φ^b 的变化范围也为 10°～40°进行分析，所得变化曲线如图 2.7 所示。

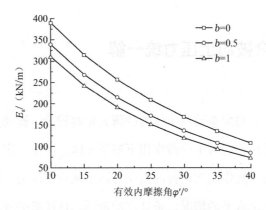

图 2.6　双剪库仑主动土压力 E_a 与有效内摩擦角 φ' 的关系曲线

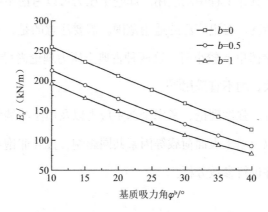

图 2.7　双剪库仑主动土压力 E_a 与基质吸力角 φ^b 的关系曲线

由图 2.6 及图 2.7 可以看出，当参数 $b = 0.5$ 时，有效内摩擦角 φ' 从 10°增加到 40°，双剪库仑主动土压力 E_a 从 337.97kN/m 减小到 67.45kN/m，减小了 80.04%，双剪库仑主动土压力 E_a 随着有效内摩擦角 φ' 的增大而减小，且减小的速率逐渐变缓；基质吸力角 φ^b 从 10°增加到 40°，双剪库仑主动土压力 E_a 从 216.55kN/m 减小到 75.58kN/m，减小了 65.1%，双剪库仑主动土压力 E_a 随基质吸力角 φ^b 的增大而减小，减小的速率基本不变。此外，当有效内摩擦角 φ' 为 20°时，统一强度理论参数 b 从 0 增加到 1，双剪库仑主动土压力 E_a 从 256.43kN/m 减小到 192.17kN/m，E_a

减小了 25.06%，当基质吸力角 φ^b 为 20°时，b 从 0 增加到 1，双剪库仑主动土压力 E_a 从 207.61kN/m 减小到 148.27kN/m，减小了 28.58%。双剪库仑主动土压力 E_a 随有效内摩擦角和基质吸力角的减小而增大，其原因是有效内摩擦角 φ' 和基质吸力角 φ^b 减小会使非饱和土的抗剪强度增大，增加了土体的自承载能力。

2.3 双剪库仑被动土压力统一解

在现有的研究中，对库仑被动土压力的研究相对较少。被动土压力在工程实际中十分常见，如拱桥桥台在桥上荷载作用下挤压土体并产生一定量的位移至墙后土体达到极限平衡状态，则作用在台背的侧压力属于被动土压力。朗肯土压力只适用于墙背光滑垂直、填土水平的情况，条件比较苛刻，且计算的被动土压力值较实测值往往偏小，限制了其在工程中的应用。库仑土压力可以考虑不同角度填土面、不同角度墙背倾斜等情况，有更广泛的适用范围。需要注意的是，对于被动土压力，当外摩擦角 δ 和内摩擦角 φ 较小时，这两种古典土压力理论尚可引用，而当 δ 和 φ 较大时，误差都很大，均不宜采用[67]。

本书基于双剪统一强度理论，考虑全部主应力以及填土与墙背接触面黏聚力、滑裂面上的黏聚力以及填土表面荷载等因素共同影响，推导非饱和土的双剪库仑被动土压力统一解，并进行参数分析。

2.3.1 公式推导

假设墙背填土为均质的散粒体，滑动破裂面为通过墙踵的平面，滑裂土体被视为刚体，滑动面上的摩擦力均匀分布。假设挡土墙的横向尺寸远远大于其高度和厚度，横向应变可忽略不计，此时挡土墙的问题可视为平面应变问题。如图 2.8 所示，墙体高度为 h，墙后土体为理想均匀的非饱和土，重度为 γ；挡土墙横截面设计为梯形，墙背倾角为 α，斜面由墙顶向墙踵延伸，墙后填土倾角为 β，一般情况下填土平面向上倾斜；非饱和填土表面作用均匀分布的荷载 q，可能由堆积物或建筑物引起；墙后非饱和填土的有效内摩擦角为 φ'，有效黏聚力为 c'，可由直剪试验或三轴压缩试验得出；基质吸力角为 φ^{b}，根据抗剪强度和净法向应力的曲线的斜率确定。填土与墙背之间的摩擦角为 δ，与墙背的粗糙程度、填土类别、填土条件等有关。非饱和土填土的外黏聚力为 k，沿墙背均匀分布。非饱和土的基质吸力为 $(u_{\mathrm{a}} - u_{\mathrm{w}})$，在本书分析中，假设其不沿深度发生变化。

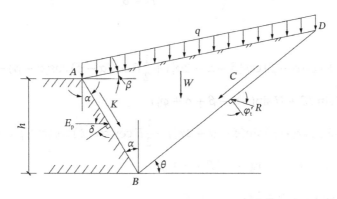

图 2.8　挡土墙及滑裂面示意图

楔形土体 ABD 的自重 W，方向向下；楔形土体 ABD 上均布荷载 q 的总质量为 Q，方向向下；作用于 BD 面上的黏聚力 C，方向沿 BD 面向下；作用于 AB 面上的黏聚力 K，方向沿墙背的方向向下；土体反力 E 作用于墙背与填土基础面 AB 面上，其与法线的夹角为 δ；土体反力 R 作用于刚体滑裂面 BD 上，其与法线的夹角为 φ'_{t}。其中 W、Q、C、K 的数值为：

$$
\begin{cases}
W = \dfrac{1}{2}\gamma h^2 \dfrac{\cos(\alpha - \beta)\cos(\theta - \alpha)}{\cos^2 \alpha \sin(\theta - \beta)} \\[2mm]
Q = qh \dfrac{\cos(\theta - \alpha)\cos\beta}{\sin(\theta - \beta)\cos\alpha} \\[2mm]
C = c_{\mathrm{tt}} h \dfrac{\cos(\alpha - \beta)}{\sin(\theta - \beta)\cos\alpha} \\[2mm]
K = k \dfrac{h}{\cos\alpha}
\end{cases}
\tag{2.18}
$$

根据滑动土体 ABD 的平衡条件，可得到墙背对土体的作用力为：

$$
E = \frac{(W + Q)\sin(\theta + \varphi'_{\mathrm{t}}) + K\sin(\theta + \varphi'_{\mathrm{t}} - \alpha) + C\cos\varphi'_{\mathrm{t}}}{\cos(\delta - \alpha + \theta + \varphi'_{\mathrm{t}})}
\tag{2.19}
$$

通过对式(2.19)求导即 $\dfrac{\mathrm{d}E}{\mathrm{d}\theta} = 0$ 可求得使 E 取得最小值的 θ_{cr}，则此时求得的非饱和土库仑被动土压力为：

$$E_p = \frac{(W+Q)\sin(\theta_{cr}+\varphi'_t) + K\sin(\theta_{cr}+\varphi'_t-\alpha) + C\cos\varphi'_t}{\cos(\delta-\alpha+\theta_{cr}+\varphi'_t)} \tag{2.20}$$

其中:

$$\theta_{cr} = \arctan\left(\frac{-A+\sqrt{A^2-(D-B)(B+D)}}{D-B}\right) \tag{2.21}$$

式中:

$$\begin{cases}
A = -\dfrac{1}{2}F\cos(\alpha-\beta)\cos(\delta-\alpha+2\varphi'_t) + \dfrac{1}{2}F\cos(\alpha-\delta)\cos(\alpha+\beta) - \\
\qquad \dfrac{1}{2}G\sin2\beta + H\sin(-\alpha-\beta+\delta+\varphi'_t) \\
B = -\dfrac{1}{2}F\cos(\alpha-\beta)\sin(\delta-\alpha+2\varphi'_t) - \dfrac{1}{2}F\cos(\alpha-\delta)\cos(\alpha+\beta) - \\
\qquad \dfrac{1}{2}G\cos2\beta - H\cos(-\alpha-\beta+\delta+\varphi'_t) \\
D = \dfrac{1}{2}F\sin(\delta-\beta) + \dfrac{1}{2}G \\
F = \dfrac{1}{2}\gamma h^2\cos(\alpha-\beta) + qh\cos\alpha\cos\beta \\
G = kh\cos\delta\cos\alpha \\
H = C_{tt}h\cos(\alpha-\beta)\cos\varphi'_t\cos\alpha
\end{cases} \tag{2.22}$$

2.3.2 双剪库仑被动土压力公式退化及比较

本书所得的非饱和土的双剪库仑被动土压力统一解综合考虑了全部应力分量、基质吸力、外摩擦角等多种因素的影响,计入了墙后填土面超载、填土黏聚力、填土与墙背之间的粘结力等因素,便于理解和进行工程的应用和推广。

当基质吸力 $(u_a-u_w)=0$ 时,式(2.20)可以适用于饱和土被动土压力的求解。当统一强度参数 b 取不同值,即可得到现有屈服准则下的结论,当 $b=0$ 时,该公式退化为基于 Mohr-Coulomb 准则的非饱和土库仑被动土压力公式;当 $b=1$ 时,退化为基于双剪强度理论的非饱和土库仑被动土压力公式。当墙背倾角 α、填土倾角 β、外摩擦角 δ、外黏聚力 k 和均布荷载 q 均取为 0 时,式(2.20)退化为:

$$E_p = \frac{W\sin(\theta_{cr}+\varphi'_t) + C\cos\varphi'}{\cos(\theta_{cr}+\varphi'_t)} \tag{2.23}$$

将式(2.23)与文献[38]的对应关系进行相应变换,得到:

$$E_\mathrm{p} = \frac{1}{2}\gamma \tan^2\left(45° + \frac{\varphi'_\mathrm{t}}{2}\right)h^2 + 2c'_\mathrm{t}h\tan\left(45° + \frac{\varphi'_\mathrm{t}}{2}\right) + 2(u_\mathrm{a} - u_\mathrm{w})h\tan\left(45° + \frac{\varphi'_\mathrm{t}}{2}\right)\tan\varphi_\mathrm{t}^\mathrm{b}$$

$$(2.24)$$

式(2.24)即为文献[38]的非饱和土朗肯被动土压力统一解。

双剪库仑被动土压力统一解在不同条件下的退化可以从基本情况说明所得结论的正确性。为了使比较更直观，进行算例分析。假设挡土墙的横向尺寸远远大于其高度和厚度，横向应变可忽略不计，此时挡土墙的问题可视为平面应变问题。墙体高度为 8m，墙后非饱和填土的重度 γ 为 18kN/m，并假设填土为理想的黏性土。有效内摩擦角 φ' 为 22°，有效黏聚力 c' 为 5kPa，基质吸力沿深度设为常数，分别讨论取 0～100kPa 的情况，基质吸力角 φ^b 为 14°。挡土墙背与填土面垂直，不计摩擦力影响，填土平面为与挡土墙顶端等高的水平面，故墙背倾角 α、填土倾角 β、外摩擦角 δ 和外黏聚力 k 取为 0，作用在非饱和填土上表面的均布荷载 q 均取为 0kN/m。

基质吸力 $(u_\mathrm{a} - u_\mathrm{w})$ 分别取 0kPa、20kPa、40kPa、60kPa、80kPa、100kPa 时，统一强度理论参数 b 取为 0、0.25、0.5、0.75、1。可以得到 30 种工程状况下被动土压力的解答情况。分别采用双剪库仑被动土压力统一解及文献[38]的双剪朗肯主动土压力统一解方法计算，对比如表 2.2 所示。

双剪库仑被动土压力统一解与文献[38]公式计算结果比较　　　　表 2.2

基质吸力/kPa	$b = 0$		$b = 0.25$		$b = 0.5$		$b = 0.75$		$b = 1$	
	E_p/(kN/m)	E'_p/(kN/m)	E_p/(kN/m)	E'_p/(kN/m)	E_p/(kN/m)	E'_p/(kN/m)	E_p/(kN/m)	E'_p/(kN/m)	E_p/(kN/m)	E'_p/(kN/m)
0	1384.64	1384.64	1474.49	1474.49	1546.37	1546.37	1605.18	1605.18	1654.19	1654.19
20	1502.93	1502.93	1607.00	1607.00	1690.35	1690.35	1758.58	1758.58	1815.48	1815.48
40	1621.21	1621.21	1739.52	1739.52	1834.32	1834.32	1911.99	1911.99	1976.77	1976.77
60	1739.50	1739.50	1872.03	1872.03	1978.30	1978.30	2065.39	2065.39	2138.06	2138.06
80	1857.79	1857.79	2004.54	2004.54	2122.27	2122.27	2218.79	2218.79	2299.35	2299.35
100	1976.07	1976.07	2137.07	2137.07	2266.25	2266.25	2372.20	2372.20	2460.64	2460.64

注：E_p 为本书计算结果，E'_p 为文献[38]计算结果。

由表 2.2 可以看出，本书双剪库仑被动土压力统一解在上述条件下的计算结果与文献[38]朗肯被动土压力统一解的计算结果完全一致。经典的库仑土压力在题设条件下，所得结果与经典的朗肯土压力结果相同。同理，基于双剪统一强度理论的双剪库仑被动土压力统一解，在题设条件下应与双剪朗肯被动土压力统一解结果也应该相同，表 2.2 的结果充分证明了这一原理，从朗肯与库仑土压力间的关系情况说明了所得结论的正确性。与双剪朗肯被动土压力统一解相比，本书所得解可以考虑墙背倾角 α、填土倾角 β、外摩擦角 δ、外黏聚力 k 等因素的影响，可以适用于更多的工程情况。

2.3.3 参数分析

影响双剪库仑被动土压力统一解 E_p 的因素较多，有效内摩擦角 φ' 从土体本身的性质产生影响，统一强度理论参数 b 因强度准则的选取而产生影响，在基于双剪统一强度理论的理论分析中，常取参数 $b = 0$、0.5 和 1 三种情况来进行研究和比较分析；非饱和土的基质吸力 $(u_a - u_w)$ 和基质吸力角 φ^b 因非饱和土液-气交界面上的收缩膜的性质而产生影响；墙背倾角 α 和填土倾角 β 因挡土墙及填土平面的几何角度而产生影响；外摩擦角 δ 和外黏聚力 k 因墙背及墙后土体的接触面的摩擦而产生影响。令 2.3.2 节算例中，$q = 10\text{kPa}$，$\alpha = 10°$，$\beta = 10°$，$\delta = 10°$，$k = 5\text{kPa}$，$(u_a - u_w) = 30\text{kPa}$，进行单因素分析。

1）基质吸力

基质吸力的大小和很多因素有关，如土体颗粒的大小、土的含水率、脱水吸水过程等，具体数值确定下来有一定难度。根据林鸿州等对基质吸力的研究，当墙后土体为砂质粉土时，基质吸力的变化范围可取为 0~120kPa。当基质吸力变化时，所得变化曲线如图 2.9 所示。

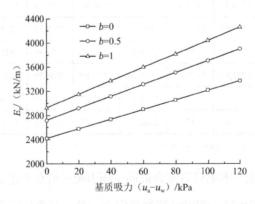

图 2.9　双剪库仑被动土压力 E_p 与基质吸力 $(u_a - u_w)$ 的关系曲线

由图 2.9 可以看出，当参数 $b = 0.5$ 时，基质吸力从 0 增加到 120kPa，双剪库仑被动土压力 E_p 从 2721.25kN/m 增加到 3907.27kN/m，增加了 43.58%，非饱和土的双剪库仑被动土压力 E_p 随基质吸力 $(u_a - u_w)$ 的增大而增大，且增长速率基本保持不变。由此可见，基质吸力对双剪库仑土压力的影响较大。其原因是在非饱和土的抗剪强度公式中，基质吸力的增大使土体的抗剪强度增大，土的自承载能力增强。当基质吸力为 50kPa 时，参数 b 从 0 增加到 1，双剪库仑被动土压力 E_p 从 2817.33kN/m 增加到 3486.46kN/m，增加了 23.75%，由此可见，中间主应力对双剪库仑被动土压力的影响较大，且参数 b 越大，双剪库仑被动土压力越大，其原因是双剪统一强度理论的极限线是外凸形强度准则的上限，考虑中间主应力可以充分发挥非饱和土的强度潜能。因此，考虑中间主应力更符合实际，而且具有可观的经济效益。

2）外摩擦角

外摩擦角 δ 的大小取决于墙背的粗糙程度、填土类别以及墙背的排水条件等因素，一般外摩擦角 δ 的取值在 $0° \sim \varphi$ 之间，当墙背粗糙，排水良好时，δ 的取值一般小于 0.5 倍的内摩擦角标准值，故取外摩擦角 δ 在 $0° \sim 10°$ 变化范围分析。双剪库仑被动土压力 E_p 的变化曲线如图 2.10 所示。

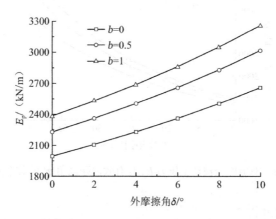

图 2.10　双剪库仑被动土压力 E_p 与外摩擦角 δ 的关系曲线

由图 2.10 可以看出，当参数 $b = 0.5$ 时，δ 从 0° 增加到 10°，E_p 从 2224.18kN/m 增加到 3017.78kN/m，增加了 35.66%，说明双剪库仑被动土压力 E_p 随外摩擦角 δ 的增大而增大，且增加速率基本不变。当 $\delta = 6°$ 时，参数 b 从 0 增加到 1，E_p 从

2357.61kN/m 增加到 2861.38kN/m，增加了 21.37%。双剪库仑被动土压力 E_p 随外摩擦角的增大而增大，其原因是外摩擦角考虑了挡土墙墙背与填土的黏聚力的影响，黏聚力方向与被动土压力方向相反，故使得被动土压力计算结果增大。

3）有效内摩擦角

土体的有效内摩擦角各不相同，《工程地质手册》和国家规范等资料中有不同取值建议。根据《建筑地基基础设计规范》GB 50007—2011 和《公路桥涵设计通用规范》JTG D60—2015 的常用取值，取有效内摩擦角 φ' 的变化范围为 10°～40°。此时双剪库仑被动土压力 E_p 随有效内摩擦角 φ' 的变化曲线如图 2.11 所示。

由图 2.11 可以看出，当参数 $b = 0.5$ 时，φ' 从 10°增加到 40°，双剪库仑被动土压力 E_p 从 1875.62kN/m 增加到 9356.70kN/m，增加了 398.86%。随着有效内摩擦角 φ' 的增大，双剪库仑被动土压力不断增加，增加速率也逐渐增大。当 $\varphi' = 25°$时，参数 b 从 0 增加到 1，E_p 从 2986.75kN/m 增加到 3723.22kN/m，增加了 24.66%。由非饱和土的抗剪强度公式可知，土的抗剪强度随有效内摩擦角的增大而增大，增强了土的自承载能力，故达到极限状态的被动土压力增大。

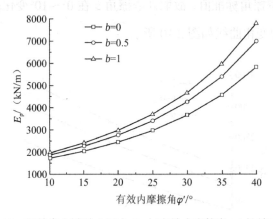

图 2.11　双剪库仑被动土压力 E_p 与有效内摩擦角 φ' 的关系曲线

4）基质吸力角分析

基质吸力角 φ^b 表示抗剪强度随基质吸力而增加的速率，由非饱和土力学知基质吸力角 φ^b 值小于或等于 φ' 值，所以取 φ^b 的变化范围也为 10°～40°进行分析，所得变化曲线如图 2.12 所示。

由图 2.12 可以看出，当参数 $b = 0.5$ 时，φ^b 从 10°增加到 40°，双剪库仑被动土

压力 E_p 从 2932.81kN/m 增加到 3764.82kN/m，增加了 28.37%。随着基质吸力角 φ^b 的增大，非饱和土库仑被动土压力不断增加，增加速率逐渐增大。当 $\varphi^b = 25°$ 时，参数 b 从 0.5 增加到 1，E_p 从 3265.59kN/m 增加到 3536.66kN/m，增加了 8.30%。由非饱和土的抗剪强度公式可知，随基质吸力角的增大，非饱和土的抗剪强度也不断增加，提高了土体的自承载能力，达到极限状态的被动土压力也随之增大。

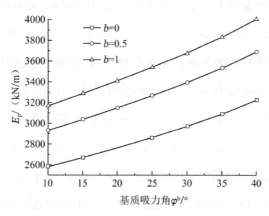

图 2.12　双剪库仑被动土压力 E_p 与基质吸力角 φ^b 的关系曲线

2.4　本章小结

（1）与非饱和土相比，饱和土力学的发展和研究要长久和深入得多，已经形成了比较全面的理论研究体系。非饱和土研究起步较晚，因此将非饱和土特性和饱和土已有的研究成果结合，推导得出适用于非饱和土的理论，是一种成熟且有效的方法。基于双剪统一强度理论，考虑土体材料的全部应力分量，结合广义库仑理论，将挡土墙土压力问题视为平面应变问题，建立了非饱和土的双剪库仑主动土压力统一解。双剪库仑主动土压力统一解可以在不同条件下，退化为基于不同强度准则的主动土压力解，以解决不同情况下的工程问题。当不考虑基质吸力影响，统一强度理论参数 b 取为 0 时，退化为基于 Mohr-Coulomb 准则的饱和土库仑主动土压力公式，所得计算结果与传统的库仑主动土压力公式相同；若考虑基质吸力影响，则当

b 取 0～1 时，统一解可以退化为基于不同强度准则的土压力计算公式，由于考虑中间主应力的影响程度不同，所得结果也会有明显的差异。非饱和土的双剪库仑主动土压力统一解在形式上与根据广义库仑理论提出的库仑主动土压力计算公式保持一致，便于在实际工程中应用和推广。

（2）中间主应力对非饱和土的双剪库仑主动土压力的影响显著，当基质吸力为 50kPa 时，参数 b 从 0 增加到 1，库仑主动土压力 E_a 从 195.60kN/m 减小到 135.44kN/m，减小了 30.76%；当外摩擦角 $\delta = 6°$ 时，参数 b 从 0 增加到 1，双剪库仑主动土压力 E_a 从 240.64kN/m 减小到 178.28kN/m，减小了 25.91%。因此，考虑中间主应力可以充分发挥材料强度潜能。基质吸力是非饱和土的特有属性，其对非饱和土库仑主动土压力的影响同样显著且呈非线性关系。当参数 $b = 0.5$ 时，基质吸力从 0 增加到 120kPa，库仑主动土压力 E_a 从 272.54kN/m 减小到 73.09kN/m，减小了 73.18%，由此可见，基质吸力对库仑土压力的影响很大。其原因是当在非饱和土的抗剪强度公式中，增加了基质吸力贡献的部分，使土体的抗剪强度增大，土的自承载能力增强。

（3）基于双剪统一强度理论，综合考虑中间主应力、外摩擦角等因素的影响，根据土体滑动土楔体的静力平衡，推导出了非饱和土库仑被动土压力统一解，可以适用于墙背倾斜、填土倾斜等情况。当参数取不同值时，可得到现有屈服准则下的结论，如基于 Mohr-Coulomb 准则的非饱和土库仑被动土压力公式和基于双剪强度理论的非饱和土库仑被动土压力公式与非饱和土的朗肯被动土压力统一解相比，具有一定的优越性。需要注意的是，对于被动土压力，当外摩擦角 δ 和内摩擦角 φ 较小时，这两种古典土压力理论尚可引用，而当 δ 和 φ 较大时，误差都很大，均不宜采用。

（4）本章得到的基于双剪统一强度理论的非饱和土库仑被动土压力统一解，具有广泛的适用性，包含了一系列基于不同强度准则的饱和土及非饱和土库仑被动土压力解，基于 Mohr-Coulomb 准则及双剪强度理论的朗肯被动土压力和库仑被动土压力公式均为其特例。当基质吸力为 50kPa 时，参数 b 从 0 增加到 1，双剪库仑被动土压力 E_p 从 2817.33kN/m 增加到 3486.46kN/m，增加了 23.75%，当 $\delta = 6°$ 时，参数 b 从 0 增加到 1，E_p 从 2357.61kN/m 增加到 2861.38kN/m，增加了 21.37%。非饱和土双剪库仑被动土压力中中间主应力效应的影响显著，因此，考虑中间主应力可以充分发挥材料的强度潜能，更安全经济地指导实际工程。

第 **3** 章

基于三剪统一强度准则的
朗肯土压力研究

第6章

结构与土体相互作用研究

3.1　引言

在目前的土压力计算中，理论意义重大且应用最为广泛的当属朗肯土压力理论和库仑土压力理论。这两种土压力理论概念明确，计算合理，并且在实际建设中受到了实践的检验，取得了不错的效果。但它们都是基于莫尔-库仑（Mohr-Coulomb）强度理论，只能考虑最大主应力和最小主应力的影响，而忽视了中间主应力的作用。土体大多受力情况比较复杂，一般处于三向应力状态下，若忽略中间主应力的效应，会使计算结果产生一定的偏差。

俞茂宏提出的双剪统一强度理论可以很好地考虑中间主应力效应，其在 π 平面上的极限线可以由 Mohr-Coulomb 强度理论确定的外凸极限面的下限连续变化到双剪强度理论所确定的外凸极限面的上限，还可以得到一系列的非凸的极限线，使用起来灵活准确。本书第 2 章也推导了基于双剪统一强度理论的双剪库仑主动及被动土压力统一解。但统一强度理论采用了两个方程和附加条件式的独特数学建模方法，当应力状态同时满足该准则的两个条件时，存在双重破坏角现象[68]。因此，选择三剪统一强度准则进行相应的研究具有重要的意义。

胡小荣等[14-15]将菱形十二面体作为基本力学模型，将主剪面上的剪应力和其法向作用的正应力看成一个组合，称为主剪应力对，通过考虑 3 个主剪应力对以及主剪面应力对的作用，提出了三剪统一强度准则。其特点是：表达式只有一个，使用起来方便快捷，考虑了最小剪应力及其作用面法向正应力的影响，当参数 b 取不同值时，也可以退化为 Mohr-Coulomb 屈服准则等经典理论，不存在双重破坏角问题。因此，本书作者采用该强度准则研究了经典的土压力计算问题。

3.1.1　三剪统一强度准则

2004 年，胡小荣提出了适用于岩石类介质的新的强度准则，即三剪统一强度准则[14,18]，以压应力为正，其主应力表达式为：

$$(\alpha\sigma_1 - \sigma_3)(\sigma_1 - \sigma_3) + b(\alpha\sigma_1 - \sigma_2)(\sigma_1 - \sigma_2) + b(\alpha\sigma_2 - \sigma_3)(\sigma_2 - \sigma_3)$$
$$= (1 + b)(\sigma_1 - \sigma_3)\sigma_t \tag{3.1}$$

式中：σ_1 为最大主应力；σ_2 为中间主应力；σ_3 为最小主应力；α 为反映材料 SD 效应的参数，数值上等于材料的拉伸强度极限和压缩强度极限的比值；b 为中间主剪面应力对的影响参数，取值为 $b = \frac{(1+\alpha)\tau_0 - \sigma_t}{\sigma_t - \tau_0}$，其中 τ_0 为材料的剪切强度极限。σ_t 为材料的拉伸强度极限。当 $0 \leqslant b \leqslant b_{\max}$ $\left[b_{\max} = \alpha/(2 + \alpha) \right]$ 时，强度准则在 π 平面的极限线为外凸形。

三剪统一强度准则已经得到了初步的研究成果，包括在 π 平面的极限线、平面应力的极限线、平面莫尔应力圆、强度准则的中间主应力效应曲线分析、强度准则的破坏角分析等问题。当材料拉伸强度极限和压缩强度极限相等时，三剪统一强度准则在 π 平面的极限线可以由 Tresca 屈服准则的极限线逐渐发展到 Mises 屈服准则的极限线，当材料拉伸强度极限和压缩强度极限不等时，其极限线可以由 Mohr-Coulomb 屈服准则的极限线逐渐向外围发展，从而使极限面扩大，挖掘材料的强度潜能。

基于三剪统一强度准则，得到与库仑公式在形式上一致的土体材料的抗剪强度公式为[15]：

$$\tau_{\text{T-S}} = c_{\text{T-S,t}} + \sigma \tan \varphi_{\text{T-S,t}} \tag{3.2}$$

$$\begin{cases} c_{\text{T-S,t}} = \dfrac{2(1 + b)c \cos\varphi}{\sqrt{\left[2(1 + b)(1 + \sin\varphi) + b(\mu_\sigma^2 - 1)\right] \times \left[2(1 + b)(1 - \sin\varphi) + b(\mu_\sigma^2 - 1)\right]}} \\ \sin\varphi_{\text{T-S,t}} = \dfrac{2(1 + b)\sin\varphi}{2 + b(1 + \mu_\sigma^2)} \\ \mu_\sigma = \dfrac{2\sigma_2 - \sigma_1 - \sigma_3}{\sigma_1 - \sigma_3} \end{cases} \tag{3.3}$$

式中：$\tau_{\text{T-S}}$ 为基于三剪统一强度准则得到的岩土材料的抗剪强度；c 为土体材料的初始黏聚力；φ 为土体材料的初始内摩擦角；σ 为总法向应力；$c_{\text{T-S,t}}$ 为三剪统一黏聚力；$\varphi_{\text{T-S,t}}$ 为三剪统一内摩擦角；μ_σ 为洛德应力参数。

3.1.2 非饱和土抗剪强度三剪统一解

Fredlund 等[61]基于 Mohr-Coulomb 强度准则提出了非饱和土双应力状态变量抗剪强度公式，其表达式为：

$$\tau_f = c' + (\sigma - u_a) \tan \varphi' + (u_a - u_w) \tan \varphi^b \tag{3.4}$$

式中：τ_{f} 为非饱和土的抗剪强度；c' 为有效黏聚力；φ' 为有效内摩擦角，可通过直剪试验和三轴压缩试验获得；u_{a} 为孔隙气压力，可在试验中通过装有粗孔透水板等多孔元件的试验仪器测量；u_{w} 为孔隙水压力，可在试验中通过装有高进气值陶瓷板的试验仪器测量；φ^{b} 表示抗剪强度随基质吸力而增加的速率，称为基质吸力角，根据抗剪强度和净法向应力的曲线，由图形斜率可以确定基质吸力角 φ^{b} 值的大小。

式(3.2)与 Mohr-Coulomb 强度准则抗剪强度的表达式在形式上保持一致，用 $c'_{\mathrm{T\text{-}S,t}}$、$\varphi'_{\mathrm{T\text{-}S,t}}$ 和 $\varphi''_{\mathrm{T\text{-}S,t}}$ 分别替换式(3.4)中的 c'、φ' 和 φ^{b} 可得：

$$\tau_{\mathrm{T\text{-}S}} = c'_{\mathrm{T\text{-}S,t}} + (\sigma - u_{\mathrm{a}})\tan\varphi'_{\mathrm{T\text{-}S,t}} + (u_{\mathrm{a}} - u_{\mathrm{w}})\tan\varphi''_{\mathrm{T\text{-}S,t}} \tag{3.5}$$

其中：

$$\begin{cases} c'_{\mathrm{T\text{-}S,t}} = \dfrac{2(1+b)c'\cos\varphi'}{\sqrt{\left[2(1+b)(1+\sin\varphi') + b(\mu_\sigma^2 - 1)\right]\left[2(1+b)(1-\sin\varphi') + b(\mu_\sigma^2 - 1)\right]}} \\[4mm] \sin\varphi'_{\mathrm{T\text{-}S,t}} = \dfrac{2(1+b)\sin\varphi'}{2 + b(1 + \mu_\sigma^2)} \\[4mm] \sin\varphi''_{\mathrm{T\text{-}S,t}} = \dfrac{2(1+b)\sin\varphi^{\mathrm{b}}}{2 + b(1 + \sin\varphi^{\mathrm{b}})} \end{cases} \tag{3.6}$$

式中：$c'_{\mathrm{T\text{-}S,t}}$ 为三剪统一有效黏聚力；$\varphi'_{\mathrm{T\text{-}S,t}}$ 为三剪统一有效内摩擦角；$\varphi''_{\mathrm{T\text{-}S,t}}$ 为与基质吸力有关的三剪统一角。

式(3.5)为非饱和土抗剪强度三剪统一解。所得结果可以考虑岩土材料全部主应力的影响，参数 b 通过对材料强度的影响说明了中间主应力的作用，洛德应力参数则反映了三个主应力各自贡献的大小，三剪统一有效黏聚力等参数可由非饱和土土体指标通过代换得到，可以方便地应用于理论研究中。为了将非饱和土双应力状态变量抗剪强度写成与饱和土类似的形式，设 $c_{\mathrm{T\text{-}S,tt}} = c'_{\mathrm{T\text{-}S,t}} + (u_{\mathrm{a}} - u_{\mathrm{w}})\tan\varphi''_{\mathrm{T\text{-}S,t}}$，则式(3.5)变为 $\tau_{\mathrm{T\text{-}S}} = c_{\mathrm{T\text{-}S,tt}} + (\sigma - u_{\mathrm{a}})\tan\varphi'_{\mathrm{T\text{-}S,t}}$。

3.2　三剪朗肯主动土压力统一解

3.2.1　公式推导

假设挡土墙墙背竖直，不计墙背摩擦力作用，故墙背与填土间的剪应力为零，墙背为主应力面。其后填土为均匀理想的非饱和黏性土，填土面水平。基质吸力沿深度不发生改变。当挡土墙向离开土体的方向移动，墙后土体有伸张趋势，若挡墙位移使墙后土体达到极限平衡状态，土体形成一系列滑裂面，面上各点处于极限平衡状态，此时，$\sigma_1 = (\sigma_v - \sigma_a)$，$\sigma_3 = (\sigma_h - u_a)_a$。

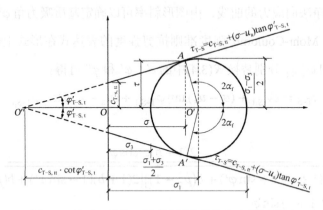

图 3.1 基于三剪统一强度准则的非饱和土剪切破坏

从图 3.1 中莫尔圆与三剪抗剪强度包线的几何关系可以推得非饱和土的极限平衡条件为：

$$\sin \varphi'_{\text{T-S,t}} = \frac{O'A}{O''O'} = \frac{\dfrac{(\sigma_v - \sigma_a) - (\sigma_h - u_a)_a}{2}}{\dfrac{(\sigma_v - \sigma_a) + (\sigma_h - u_a)_a}{2} + c_{\text{T-S,tt}} \cot \varphi'_{\text{T-S,t}}} \tag{3.7}$$

整理得：

$$(\sigma_h - u_a)_a = \gamma z K_a - 2 c_{\text{T-S,tt}} \sqrt{K_a} \tag{3.8}$$

$$K_a = \tan^2 \left(45° - \frac{\varphi'_{\text{T-S,t}}}{2}\right) \tag{3.9}$$

令式(3.8)中净水平应力为 0，则张拉区临界深度 z_0 为：

$$z_0 = \frac{2 c_{\text{T-S,tt}}}{\gamma z \sqrt{K_a}} \tag{3.10}$$

当基质吸力沿深度不变时，有：

$$E_a = \int_{z_0}^{H} (\sigma_h - u_a)_a \, dh = \frac{1}{2} \gamma H^2 K_a - 2 c H \sqrt{K_a} + \frac{2 c_{\text{T-S,tt}}^2}{\gamma} \tag{3.11}$$

破坏面和大主应力作用面间的夹角 $\alpha_f = 45° + \dfrac{\varphi'_{\text{T-S,t}}}{2}$。

3.2.2 三剪朗肯主动土压力统一解与双剪朗肯主动土压力统一解的对比

假设挡土墙的横向尺寸远远大于其高度和厚度，横向应变可忽略不计，此时挡土墙的问题可视为平面应变问题。墙体高度为 8m，墙后非饱和填土的重度 γ 为 18kN/m，并假设填土为理想的黏性土。有效内摩擦角 φ' 为 22°，有效黏聚力 c' 为 5kPa，基质吸力沿深度设为常数，分别讨论取 0~100kPa 的情况，基质吸力角 φ^b 为 14°。挡土墙背与填土面垂直，不计摩擦力影响，填土平面为与挡土墙顶端等高的水平面，故墙背倾角 α、填土倾角 β、外摩擦角 δ 和外黏聚力 k 取为 0，作用在非饱和填土上表面的均布荷载 q 均取为 0。

基质吸力 $(u_a - u_w)$ 分别取 0kPa、20kPa、40kPa、60kPa、80kPa、100kPa 时，参数 b 取为 0、0.25、0.5、0.75、1。可以得到 30 种工程状况下主动土压力的解答情况。分别采用三剪朗肯主动土压力统一解及文献[38]的双剪朗肯主动土压力统一解方法计算，对比如表 3.1 所示。

三剪朗肯主动土压力统一解与双剪朗肯主动土压力统一解的比较　　表 3.1

基质吸力/kPa	$b = 0$		$b = 0.25$		$b = 0.5$		$b = 0.75$		$b = 1$	
	E_a/(kN/m)	E_a'/(kN/m)	E_a/(kN/m)	E_a'/(kN/m)	E_a/(kN/m)	E_a'/(kN/m)	E_a/(kN/m)	E_a'/(kN/m)	E_a/(kN/m)	E_a'/(kN/m)
0	210.87	210.87	182.79	193.79	161.64	181.51	145.15	172.27	131.96	165.06
20	165.36	165.36	137.17	146.72	116.48	133.44	100.73	123.51	88.41	115.83
40	125.37	125.37	98.08	106.18	78.70	92.74	64.40	82.85	53.54	75.30
60	90.91	90.91	65.54	72.19	48.30	59.43	36.17	50.28	27.38	43.46
80	61.98	61.98	39.53	44.73	25.29	33.50	16.02	25.80	9.90	20.32
100	38.57	38.57	20.06	23.81	9.660	14.95	3.965	9.42	1.12	5.87

注：E_a 为三剪朗肯主动土压力统一解计算结果；E_a' 为双剪朗肯主动土压力统一解计算结果。

由表可以看出，当 $b = 0$ 时，二者计算结果完全一致，当 b 取其他值时，在相同的条件下，三剪朗肯主动土压力统一解略小于双剪朗肯主动土压力统一解，变化趋势基本相同。

3.2.3 参数分析

影响三剪朗肯主动土压力统一解 E_a 的因素较多，有效内摩擦角 φ' 因土体本身的性质而产生影响，非饱和土的基质吸力 $(u_a - u_w)$ 和基质吸力角 φ^b 因非饱和土液-气交界面上的收缩膜的性质而产生影响。参数 b 从强度准则的选取产生影响，在基于三剪统一强度准则的理论分析中，取参数 $b = 0$、0.5 和 1 三种情况来进行研究和比较分析。

1）基质吸力

基质吸力的大小和很多因素有关，如土体颗粒的大小、土的含水率、脱水吸水过程等，具体数值确定下来有一定难度。当墙后土体为砂质粉土时，基质吸力的变化范围可取为 0～120kPa。当基质吸力变化时，所得结果如图 3.2 所示。

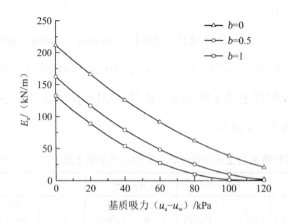

图 3.2　三剪朗肯主动土压力 E_a 与基质吸力 $(u_a - u_w)$ 的关系曲线

由图 3.2 可以看出，当参数 $b = 0.5$ 时，基质吸力从 0 增加到 10kPa，三剪朗肯主动土压力 E_a 从 161.65kN/m 减小到 138.14kN/m，减小了 14.54%。非饱和土三剪朗肯主动土压力 E_a 随基质吸力 $(u_a - u_w)$ 的增大而减小，减小速率逐渐放缓。由此可见，基质吸力对三剪朗肯主动土压力的影响较大。其原因是当在非饱和土的抗剪强度公式中，增加了基质吸力贡献的部分，使土体的抗剪强度增大，土的自承载能力增强。当基质吸力为 50kPa 时，参数 b 从 0.5 增加到 1，三剪朗肯土压力 E_a 从 62.58kN/m 减小到 39.38kN/m，减小了 37.07%。由此可见，中间主应力对三剪朗肯土压力 E_a 影响较大，且参数 b 越大，三剪朗肯土压力 E_a 越小，其原因是三剪统一强度理论的屈服面在 Mohr-Coulomb 强度准则屈服面的外侧，考虑中间主应力可以充分发挥非饱和土的强度潜能。因此，考虑中间主应力更符合实际，而且具有可观的经济效益。

2）有效内摩擦角

土的有效内摩擦角 φ' 是土体最重要的特性指标之一，是土体抗剪强度、土压力计算等问题中的关键影响因素。不同种类土体的有效内摩擦角也各不相同，《工程地质手册》和国家规范等资料中都有不同的取值建议。根据《建筑地基基础设计规范》GB 50007—2011 和《公路桥涵设计通用规范》JTG D60—2015 的常用取值，取有效内摩擦角 φ' 的变化范围为 10°～40°。不同有效内摩擦角 φ' 下非饱和土三剪朗肯主动土压力 E_a 的变化曲线如图 3.3 所示。

由图 3.3 可以看出，当参数 $b = 0.5$ 时，有效内摩擦角 φ' 从 10° 增加到 15°，三剪朗肯主动土压力 E_a 从 211.11kN/m 减少到 156.07kN/m，减小了 26.07%。在一定范围内，随着有效内摩擦角 φ' 的增大，非饱和土三剪朗肯主动土压力 E_a 不断减小，变化速率逐渐减缓。当 $\varphi' = 25°$ 时，参数 b 从 1 减小到 0.5，三剪朗肯主动土压力 E_a 从 123.87kN/m 减小到 76.38kN/m，减小了 38.34%。由非饱和土的抗剪强度公式可知，土的抗剪强度随有效内摩擦角的增大而增大，增强了土的自承载能力，故达到极限状态的主动土压力减小。

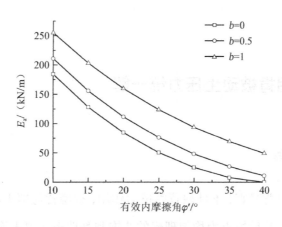

图 3.3　三剪朗肯主动土压力 E_a 与有效内摩擦角 φ' 的关系曲线

3）基质吸力角分析

基质吸力角 φ^b 表示抗剪强度随基质吸力而增加的速率，由非饱和土力学知 φ^b 值小于或等于 φ' 值，所以取 φ^b 的变化范围也为 10°～40° 进行分析，不同基质吸力角 φ^b 下非饱和土三剪朗肯主动土压力 E_a 的变化曲线如图 3.4 所示。

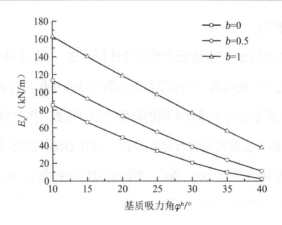

图 3.4　三剪朗肯主动土压力 E_a 与基质吸力角 φ^b 的关系曲线

由图 3.4 可以看出，当参数 $b = 0.5$ 时，φ^b 从 10° 增加到 15°，三剪朗肯主动土压力 E_a 从 113.59kN/m 减少到 92.61kN/m，减少了 18.47%。随着基质吸力角 φ^b 的增大，非饱和土三剪朗肯主动土压力不断减小，且减小速率基本不变。当 $\varphi^b = 25°$ 时，参数 b 从 1 减小到 0.5，三剪朗肯主动土压力 E_a 从 97.19kN/m 减少到 55.11kN/m，减少了 43.30%。由非饱和土的抗剪强度公式可知，随基质吸力角的增大，非饱和土的抗剪强度也不断增加，提高了土体的自承载能力，达到极限状态的主动土压力也随之增大。

3.3　三剪朗肯被动土压力统一解

3.3.1　公式推导

假设挡土墙墙背竖直，不计墙背摩擦力作用，故墙背与填土间的剪应力为零，墙背为主应力面。其后填土为均匀理想的非饱和黏性土，填土面水平。基质吸力沿深度不发生改变。当挡土墙向挤压土体的方向移动，若挡墙位移使墙后土体达到极限平衡状态，土体形成一系列滑裂面，面上各点处于极限平衡状态。此时，$\sigma_1 = (\sigma_h - u_a)_p$，$\sigma_3 = (\sigma_v - \sigma_a)$。

从图 3.1 中莫尔圆与三剪抗剪强度包线的几何关系可以推得非饱和土的极限平衡条件为：

$$\sin \varphi'_{\text{T-S,t}} = \frac{O'A}{O''O'} = \frac{\dfrac{(\sigma_{\text{h}} - u_{\text{a}})_{\text{p}} - (\sigma_{\text{v}} - \sigma_{\text{a}})}{2}}{\dfrac{(\sigma_{\text{v}} - \sigma_{\text{a}}) + (\sigma_{\text{h}} - u_{\text{a}})_{\text{p}}}{2} + c_{\text{T-S,tt}} \cot \varphi'_{\text{T-S,t}}} \tag{3.12}$$

整理得：

$$(\sigma_{\text{h}} - u_{\text{a}})_{\text{p}} = \gamma z K_{\text{p}} + 2 c_{\text{T-S,tt}} \sqrt{K_{\text{p}}} \tag{3.13}$$

$$K_{\text{p}} = \tan^2 \left(45° + \frac{\varphi'_{\text{T-S,t}}}{2} \right) \tag{3.14}$$

当基质吸力沿深度不变时，有：

$$E_{\text{p}} = \int_0^H (\sigma_{\text{h}} - u_{\text{a}})_{\text{p}} \, \mathrm{d}h = \frac{1}{2} \gamma H^2 K_{\text{p}} + 2 c_{\text{T-S,tt}} H \sqrt{K_{\text{p}}} \tag{3.15}$$

3.3.2　三剪朗肯被动土压力统一解与双剪朗肯被动土压力统一解的对比

假设挡土墙的横向尺寸远远大于其高度和厚度，横向应变可忽略不计，此时挡土墙的问题可视为平面应变问题。墙体高度为 8m，墙后非饱和填土的重度 γ 为 18kN/m³，并假设填土为理想的黏性土。有效内摩擦角 φ' 为 22°，有效黏聚力 c' 为 5kPa，基质吸力沿深度设为常数，分别讨论取 0～100kPa 的情况，基质吸力角 φ^{b} 为 14°。挡土墙背与填土面垂直，不计摩擦力影响，填土平面为与挡土墙顶端等高的水平面，故墙背倾角 α、填土倾角 β、外摩擦角 δ 和外黏聚力 k 取为 0，作用在非饱和填土上表面的均布荷载 q 均取为 0。

基质吸力 $(u_{\text{a}} - u_{\text{w}})$ 分别取 0kPa、20kPa、40kPa、60kPa、80kPa、100kPa 时，参数 b 取为 0、0.25、0.5、0.75、1。可以得到 30 种工程状况下主动土压力的解答情况。分别采用三剪朗肯被动土压力统一解及文献[38]的双剪朗肯被动土压力统一解方法计算，对比如表 3.2 所示。

三剪朗肯被动土压力统一解与双剪朗肯被动土压力统一解的比较　　表 3.2

基质吸力/kPa	$b = 0$		$b = 0.25$		$b = 0.5$		$b = 0.75$		$b = 1$	
	$E_{\text{p}}/$ (kN/m)	$E'_{\text{p}}/$ (kN/m)	$E_{\text{p}}/$ (kN/m)	$E'_{\text{p}}/$ (kN/m)	$E_{\text{p}}/$ (kN/m)	$E'_{\text{p}}/$ (kN/m)	$E_{\text{p}}/$ (kN/m)	$E'_{\text{p}}/$ (kN/m)	$E_{\text{p}}/$ (kN/m)	$E'_{\text{p}}/$ (kN/m)
0	1384.64	1384.64	1538.55	1474.49	1678.44	1546.37	1806.14	1605.18	1923.17	1654.19
20	1502.93	1502.93	1673.74	1607.00	1828.08	1690.35	1968.33	1758.58	2096.39	1815.48

续表

基质吸力/kPa	b = 0		b = 0.25		b = 0.5		b = 0.75		b = 1	
	E_p/(kN/m)	E'_p/(kN/m)	E_p/(kN/m)	E'_p/(kN/m)	E_p/(kN/m)	E'_p/(kN/m)	E_p/(kN/m)	E'_p/(kN/m)	E_p/(kN/m)	E'_p/(kN/m)
40	1621.21	1621.21	1808.92	1739.52	1977.73	1834.32	2130.53	1911.99	2269.62	1976.77
60	1739.50	1739.50	1944.10	1872.03	2127.37	1978.30	2292.73	2065.39	2442.84	2138.06
80	1857.78	1857.79	2079.28	2004.54	2277.01	2122.27	2454.92	2218.79	2616.06	2299.35
100	1976.07	1976.07	2214.47	2137.05	2426.65	2266.25	2617.12	2372.20	2789.28	2460.64

注：E_p 为三剪朗肯被动土压力计算结果；E'_p 为双剪朗肯被动土压力计算结果。

由表可以看出，当 $b = 0$ 时，二者计算结果完全一致，当 b 取其他值时，在相同的条件下，三剪朗肯被动土压力统一解略大于双剪朗肯被动土压力统一解，变化趋势基本相同。

3.3.3 参数分析

影响三剪朗肯被动土压力统一解 E_p 的因素较多，有效内摩擦角 φ' 从土体本身的性质产生影响，非饱和土的基质吸力 $(u_a - u_w)$ 和基质吸力角 φ^b 因非饱和土液-气交界面上的收缩膜的性质而产生影响。参数 b 因强度准则的选取而产生影响，在基于三剪统一强度准则的理论分析中，取参数 $b = 0$、0.5 和 1 三种情况来进行研究和比较分析。

1) 基质吸力

基质吸力的大小和很多因素有关，如土体颗粒的大小、土的含水率、脱水吸水过程等，具体数值确定下来有一定难度。当墙后土体为砂质粉土时，基质吸力的变化范围可取为 0～120kPa。当基质吸力变化时，所得结果如图 3.5 所示。

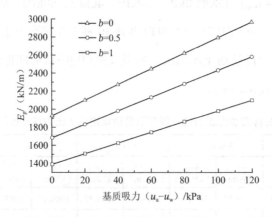

图 3.5 三剪朗肯被动土压力 E_p 随基质吸力 $(u_a - u_w)$ 变化的关系

由图 3.5 可以看出，当参数 $b = 0.5$ 时，基质吸力从 0 增加到 20kPa，三剪朗肯被动土压力 E_p 从 1678.45kN/m 增加到 1828.09kN/m，增加了 8.92%。三剪朗肯被动土压力 E_p 随基质吸力 $(u_a - u_w)$ 的增大而增大，且增加速率基本不变。由此可见，基质吸力对三剪朗肯被动土压力的影响较大。其原因是当在非饱和土的抗剪强度公式中，增加了基质吸力贡献的部分，使土体的抗剪强度增大，土的自承载能力增强。当基质吸力为 50kPa 时，参数 b 从 1 减小到 0.5，三剪朗肯被动土压力 E_p 从 1680.36kN/m 增加到 2052.55kN/m，增大了 22.15%。由此可见，中间主应力对三剪朗肯被动土压力 E_p 影响较大，且参数 b 越大，三剪朗肯被动土压力 E_p 越大，即考虑中间主应力可以充分发挥非饱和土的强度潜能。其原因是三剪统一强度理论的屈服面在 Mohr-Coulomb 强度准则屈服面的外侧，考虑中间主应力可以充分发挥非饱和土的强度潜能。因此，考虑中间主应力更符合实际，而且具有可观的经济效益。

2）有效内摩擦角

土的有效内摩擦角 φ' 是土体最重要的特性指标之一，是土体抗剪强度、土压力计算等问题中的关键影响因素。不同种类土体的有效内摩擦角也各不相同，《工程地质手册》和国家规范等资料中都有不同的取值建议。根据《建筑地基基础设计规范》GB 50007—2011 和《公路桥涵设计通用规范》JTG D60—2015 的常用取值，取有效内摩擦角 φ' 的变化范围为 10°～40°。不同有效内摩擦角 φ' 下非饱和土三剪朗肯被动土压力 E_p 的变化曲线如图 3.6 所示。

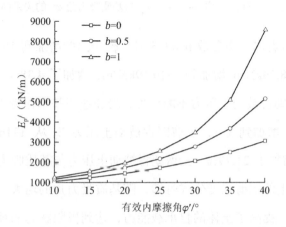

图 3.6　三剪朗肯被动土压力 E_p 与有效内摩擦角 φ' 的关系曲线

由图 3.6 可以看出，当参数 $b = 0.5$ 时，φ' 从 10°增加到 15°，三剪朗肯被动土压力 E_p 从 1169.57kN/m 增加到 1420.20kN/m，增加了 21.43%。在一定范围内，随着有效内摩擦角 φ' 的增大，三剪朗肯被动土压力 E_p 不断增大，且增大速率显著增加。当 $\varphi' = 25°$时，参数 b 从 0 增加到 0.5，E_p 从 1732.64kN/m 增加到 2179.81kN/m，增加了 25.81%。由非饱和土的抗剪强度公式可知，土的抗剪强度随有效内摩擦角的增大而增大，增强了土的自承载能力，故达到极限状态的被动土压力增大。

3）基质吸力角分析

基质吸力角 φ^b 表示抗剪强度随基质吸力而增加的速率，由非饱和土力学知 φ^b 值小于或等于 φ' 值，所以取 φ^b 的变化范围也为 10°~40°进行分析，不同基质吸力角 φ^b 下非饱和土三剪朗肯被动土压力 E_p 的变化曲线如图 3.7 所示。

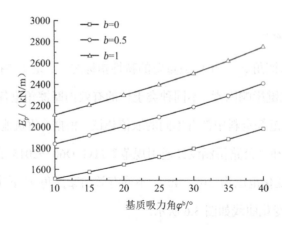

图 3.7 三剪朗肯被动土压力 E_p 与基质吸力角 φ^b 的关系曲线

由图 3.7 可以看出，当参数 $b = 0.5$ 时，φ^b 从 10°增加到 15°，三剪朗肯被动土压力 E_p 从 1838.59kN/m 增加到 1919.19kN/m，增加了 4.38%。随着基质吸力角 φ^b 的增大，三剪朗肯被动土压力不断增加，增加速率基本保持不变。当 $\varphi^b = 25°$时，参数 b 从 0 增加到 0.5，三剪朗肯被动土压力 E_p 从 1716.48kN/m 增加到 2090.50kN/m，增加了 21.79%。三剪朗肯被动土压力与基质吸力角及参数 b 密切相关。由非饱和土的抗剪强度公式可知，随基质吸力角的增大，非饱和土的抗剪强度也不断增加，提高了土体的自承载能力，达到极限状态的被动土压力也随之增大。

3.4　本章小结

（1）基于三剪统一强度准则，结合非饱和土抗剪强度三剪统一解，推导了非饱和土三剪朗肯主动及被动土压力统一解。所得解答综合考虑了中间主应力、基质吸力等影响，并且克服了双剪屈服准则的双重破坏角现象，具有广泛的适用性。当 $0 < \alpha < 1$，$b = 0$ 时，非饱和土三剪朗肯主动及被动土压力统一解退化为基于 Mohr-Coulomb 屈服准则的朗肯主动及被动土压力统一解。

（2）非饱和土三剪朗肯主动及被动土压力具有明显的中间主应力效应。当基质吸力为 50kPa 时，参数 b 从 0 增加到 0.5，三剪朗肯主动土压力 E_a 从 62.58kN/m 减小到 39.38kN/m，减小了 37.07%，三剪朗肯被动土压力 E_p 从 1680.36kN/m 增加到 2052.55kN/m，增大了 22.15%。由此可见，中间主应力效应对土体潜力的开发有重要意义。非饱和土液-气交界面上的基质吸力对非饱和土三剪朗肯主动及被动土压力的影响较显著，当参数 $b = 0.5$ 时，基质吸力从 0 增加到 20kPa，三剪朗肯主动土压力 E_a 从 161.65kN/m 减小到 138.14kN/m，减小了 14.54%，三剪朗肯被动土压力 E_p 从 1678.45kN/m 增加到 1828.09kN/m，增加了 8.92%。因此，考虑中间主应力可以充分发挥材料的自承载能力，可以为工程建设提供理论依据。

（3）非饱和土的三剪朗肯土压力随有效内摩擦角及基质吸力角的增大而不断减小，当参数 $b = 0.5$ 时，φ' 从 10° 增加到 15°，三剪朗肯主动土压力 E_a 从 211.11kN/m 减小到 156.07kN/m，减小了 26.07%。当参数 $b = 0.5$ 时，φ^b 从 10° 增加到 15°，三剪朗肯主动土压力 E_a 从 113.59kN/m 减小到 92.61kN/m，减小了 18.47%。非饱和土的三剪朗肯土压力随有效内摩擦角及基质吸力角的增大而不断增大。当参数 $b = 0.5$ 时，φ' 从 10° 增加到 15°，三剪朗肯被动土压力 E_p 从 1169.57kN/m 增加到 1420.20kN/m，增加了 21.43%，当参数 $b = 0.5$ 时，φ^b 从 10° 增加到 15°，三剪朗肯被动土压力 E_p 从 1838.59kN/m 增加到 1919.19kN/m，增加了 4.38%。考虑内摩擦角和基质吸力角的增加可以增大土体的抗剪强度，使土体的自承载能力得到充分发挥。

第 **4** 章

基于三剪统一强度准则的
库仑土压力研究

结构与土体相互作用研究

4.1　引言

基于 Mohr-Coulomb 屈服准则的朗肯土压力理论和库仑土压力理论是非常经典的土压力理论，可以计算不同情况下土体的主动土压力及被动土压力，得到了学术界的认可，并在实际工程中有广泛的应用。朗肯土压力根据土体的极限应力状态，得到土压力解答；库仑土压力根据土体的滑动楔体的静力平衡，得到了土压力解答。二者计算方法不同，但在墙背竖直光滑、填土水平的情况下计算结果一致，均有重要的理论和实践意义。因此，在土压力的研究中，应该并重朗肯土压力理论和库仑土压力理论，才能使研究更为全面，构成完整的研究内容。

张常光[37]推导了基于双剪统一强度理论的非饱和土朗肯土压力计算公式，结合非饱和土特性，合理考虑中间主应力影响，取得了不错的计算效果。本书第 2 章详细推导了基于双剪统一强度理论的非饱和土库仑土压力计算公式，可以计算不同角度填土平面和挡土墙墙面情况下的非饱和土压力。两者分别提出了基于双剪统一强度理论的非饱和土的朗肯及库仑土压力统一解两类经典解法，构成了完整的体系。

基于 Mohr-Coulomb 屈服准则可以得到朗肯土压力理论和库仑土压力理论，基于双剪统一强度理论可以得到非饱和土的朗肯及库仑土压力统一解两类经典解法，与此类似，基于三剪统一强度准则，也可以得到非饱和土的朗肯及库仑土压力理论解法，使研究内容更为完善。

本书第 3 章基于三剪统一强度准则推导了非饱和土朗肯土压力计算公式。因此，本章推导得出基于三剪统一强度准则的非饱和土库仑土压力统一解，构成完整的研究内容。该统一解不仅可以克服双剪统一强度理论所带来的双重破坏角问题，还可以计算不同角度填土平面和挡土墙墙面的非饱和土土压力，并构成基于三剪统一强度准则的非饱和土朗肯及库仑土压力经典解法的完整体系，具有十分重要的意义。

4.2 三剪库仑主动土压力统一解

4.2.1 公式推导

假设墙背填土为均质的散粒体，滑动破裂面为通过墙踵的平面，滑裂土体被视为刚体，滑动面上的摩擦力均匀分布。假设挡土墙的横向尺寸远远大于其高度和厚度，横向应变可忽略不计，此时挡土墙的问题可视为平面应变问题。如图 4.1 所示，墙体高度为 h，墙后土体为理想均匀的非饱和土，重度为 γ，考虑填土表面裂缝影响，深度为 h_0，挡土墙横截面设计为梯形，墙背倾角为 α，斜面由墙顶向墙踵延伸，墙后填土倾角为 β，一般情况下填土平面向上倾斜，非饱和填土表面作用均匀分布的荷载 q，可能由堆积物或建筑物引起。墙后非饱和填土的有效内摩擦角为 φ'，有效黏聚力为 c'，可由直剪试验或三轴压缩试验得出。基质吸力角为 φ^b，根据抗剪强度和净法向应力的曲线的斜率确定。填土与墙背之间的摩擦角为 δ，与墙背的粗糙程度、填土类别、填土条件等有关。非饱和土填土的外黏聚力为 k，沿墙背均匀分布。非饱和土的基质吸力为 $(u_a - u_w)$，在本书分析中，假设其不沿深度发生变化。

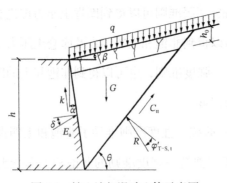

图 4.1　挡土墙与滑动土体示意图

根据黏性土的抗剪强度公式 $\tau_f = c + \sigma \tan\varphi$，可以得到黏性土的广义库仑理论，来计算黏性土的主动土压力。同理，根据基于三剪强度准则的非饱和土抗剪强度公式 $\tau_{T\text{-}S} = c'_{T\text{-}S,t} + (\sigma - u_a)\tan\varphi'_{T\text{-}S,t} + (u_a - u_w)\tan\varphi''_{T\text{-}S,t}$，亦即 $\tau_{T\text{-}S} = c_{T\text{-}S,tt} +$

$(\sigma - u_{\mathrm{a}})\tan\varphi'_{\mathrm{T\text{-}S},t}$，用三剪有效内摩擦角 $\varphi'_{\mathrm{T\text{-}S},t}$ 和非饱和土的统一总黏聚力 $c_{\mathrm{T\text{-}S},tt}$ 分别代替广义库仑理论的内摩擦角 φ 以及土的黏聚力 c，得到基于统一强度理论的非饱和土库仑主动土压力公式。

$$E_{\mathrm{a}} = \frac{1}{2}\gamma h^2 K_{\mathrm{a}} \tag{4.1}$$

$$K_{\mathrm{a}} = \frac{\cos(\alpha-\beta)}{\cos\alpha\cos^2\psi}\left\{\begin{array}{l} [\cos(\alpha-\beta)\cos(\alpha+\delta) + \sin(\varphi-\beta)\sin(\varphi'_{\mathrm{T\text{-}S},t}+\delta)]k_q + \\ 2k_2\cos\varphi'_{\mathrm{T\text{-}S},t}\sin\psi + k_1\sin(\alpha+\varphi'_{\mathrm{T\text{-}S},t}-\beta)\cos\psi + \\ k_0\sin(\beta-\varphi'_{\mathrm{T\text{-}S},t})\cos\psi - 2\sqrt{G_1 G_2} \end{array}\right\} \tag{4.2}$$

其中：

$$\begin{cases} k_q = \dfrac{1}{\cos\alpha}\left[1 + \dfrac{2q}{\gamma h}\xi - \dfrac{h_0}{h^2}\left(h_0 + \dfrac{2q}{\gamma}\right)\xi^2\right] \\[2mm] k_0 = \dfrac{h_0^2}{h^2}\left(1 + \dfrac{2q}{\gamma h_0}\right)\dfrac{\sin\alpha}{\cos(\alpha-\beta)}\xi \\[2mm] k_1 = \dfrac{2k}{\gamma h\cos(\alpha-\beta)}\left(1 - \dfrac{h_0}{h}\xi\right) \\[2mm] k_2 = \dfrac{2c_{\mathrm{T\text{-}S},tt}}{\gamma h}\left(1 - \dfrac{h_0}{h}\xi\right) \\[2mm] \xi = \dfrac{\cos\alpha\cos\beta}{\cos(\alpha-\beta)} \\[2mm] h_0 = \dfrac{2c_{\mathrm{T\text{-}S},tt}}{\gamma}\dfrac{\cos\alpha\cos\varphi'_{\mathrm{T\text{-}S},t}}{1+\sin(\alpha-\varphi'_{\mathrm{T\text{-}S},t})} \\[2mm] G_1 = k_q\sin(\delta+\varphi'_{\mathrm{T\text{-}S},t})\cos(\delta+\alpha) + k_2\cos\varphi'_{\mathrm{T\text{-}S},t} + \\ \qquad \cos\psi[k_1\cos\delta - k_0\cos(\alpha+\delta)] \\[2mm] G_2 = k_q\cos(\alpha-\beta)\sin(\varphi'_{\mathrm{T\text{-}S},t}-\beta) + k_2\cos\varphi'_{\mathrm{T\text{-}S},t} \\[2mm] \psi = \alpha + \delta + \varphi'_{\mathrm{T\text{-}S},t} - \beta \end{cases} \tag{4.3}$$

式中：q 为填土表面均布荷载；h_0 为地表裂缝深度；$c_{\mathrm{T\text{-}S},tt}$ 为非饱和土的三剪总黏聚力；k 为墙背与填土间的外黏聚力。

4.2.2　三剪库仑主动土压力公式退化及比较

本书所得基于三剪统一强度准则的非饱和土库仑主动土压力统一解综合考虑了全部主应力、基质吸力和墙后填土面超载、填土黏聚力等多种因素的影响，不存在双重破坏角问题，并且形式相对来说比较简洁，与已知的广义库仑理论在形式上保持一致。当各因素变化时，上式就可以适用于各种不同的工程实际情况。

三剪库仑主动土压力统一解可以在不同条件下，退化为基于不同强度准则的主动土压力解，以解决不同情况下的工程问题。当不考虑基质吸力影响、参数 b 取为 0 时，退化为基于 Mohr-Coulomb 准则的饱和土库仑主动土压力公式，所得计算结果与传统的库仑主动土压力公式相同；若考虑基质吸力影响，则当 b 取 0～1 时，统一解可以退化为基于不同强度准则的土压力计算公式，由于考虑中间主应力的影响程度不同，所得结果也会有明显的差异。

假设挡土墙的横向尺寸远远大于其高度和厚度，横向应变可忽略不计，此时挡土墙的问题可视为平面应变问题。墙体高度为 8m，墙后非饱和填土的重度 γ 为 18kN/m³，并假设填土为理想的黏性土。有效内摩擦角 φ' 为 22°，有效黏聚力 c' 为 5kPa，基质吸力沿深度设为常数，分别讨论取 0～100kPa 的情况，基质吸力角 φ^b 为 14°。挡土墙背与填土面垂直，不计摩擦力影响，填土平面为与挡土墙顶端等高的水平面，故墙背倾角 α、填土倾角 β、外摩擦角 δ 和外黏聚力 k 取为 0，作用在非饱和填土上表面的均布荷载 q 均取为 0。

基质吸力 $(u_a - u_w)$ 分别取 0kPa、20kPa、40kPa、60kPa、80kPa、100kPa 时，参数 b 取为 0、0.25、0.5、0.75、1。可以得到 30 种工程状况下主动土压力的解答情况。分别采用三剪库仑主动土压力统一解及本书第 3 章所得的三剪朗肯主动土压力统一解方法计算，对比如表 4.1 所示。

三剪库仑主动土压力计算结果与三剪朗肯主动土压力计算结果的比较　表 4.1

基质吸力/kPa	$b=0$		$b=0.25$		$b=0.5$		$b=0.75$		$b=1$	
	E_a/(kN/m)	E'_a/(kN/m)	E_a/(kN/m)	E'_a/(kN/m)	E_a/(kN/m)	E'_a/(kN/m)	E_a/(kN/m)	E'_a/(kN/m)	E_a/(kN/m)	E'_a/(kN/m)
0	210.88	210.88	182.80	182.80	161.65	161.65	145.16	145.16	131.97	131.97
20	165.36	165.36	137.17	137.17	116.48	116.48	100.74	100.74	88.41	88.41
40	125.38	125.38	98.09	98.09	78.71	78.71	64.41	64.41	53.55	53.55
60	90.92	90.92	65.54	65.54	48.31	48.31	36.17	36.17	27.38	27.38
80	61.98	61.98	39.54	39.54	25.29	25.29	16.02	16.02	9.91	9.91
100	38.57	38.57	20.07	20.07	9.66	9.66	3.97	3.97	1.13	1.13

注：E_a 为三剪库仑主动土压力计算结果；E'_a 为三剪朗肯主动土压力计算结果。

经典的库仑土压力在题设条件下，所得结果与经典的朗肯土压力结果相同。同理，基于三剪统一强度准则的三剪库仑主动土压力统一解，在题设条件下应与三剪朗肯主动土压力统一解结果也相同，由表 4.1 可以看出，三剪库仑主动土压力统一解的计算结果与三剪朗肯主动土压力统一解的计算结果完全一致，通过朗肯与库仑土压力间的关系情况说明了所得结论的正确性。与双剪朗肯主动土压力统一解相比，本书所得解可以考虑墙背倾角 α、填土倾角 β、外摩擦角 δ、外黏聚力 k 等因素的影响。与已有的非饱和土库仑主动土压力计算公式相比，本书所得公式更为简洁，且便于工程应用。

为比较三剪统一强度准则和双剪统一强度理论所带来的差异，表 4.2 列出了基于三剪统一强度准则的库仑主动土压力计算结果与基于双剪统一强度理论的库仑主动土压力计算结果的比较。由表 4.2 可以看出，双剪库仑主动土压力和三剪库仑主动土压力计算结果比较接近，且计算差异随 b 及基质吸力的增大而增大，当计算数值较大时，相对误差较小，当计算数值较小时，相对误差较大，数值差异整体较小，三剪库仑主动土压力计算结果较双剪库仑主动土压力偏小，更为经济。

三剪库仑主动土压力计算结果与双剪库仑主动土压力计算结果的比较　表 4.2

基质吸力/ kPa	$b=0$		$b=0.25$		$b=0.5$		$b=0.75$		$b=1$	
	E_a/ (kN/m)	E_a'/ (kN/m)	E_a/ (kN/m)	E_a'/ (kN/m)	E_a/ (kN/m)	E_a'/ (kN/m)	E_a/ (kN/m)	E_a'/ (kN/m)	E_a/ (kN/m)	E_a'/ (kN/m)
0	210.88	210.88	182.80	193.79	161.65	181.52	145.16	172.27	131.97	165.06
20	165.36	165.36	137.17	146.72	116.48	133.44	100.74	123.52	88.41	115.83
40	125.38	125.38	98.09	106.19	78.71	92.75	64.41	82.86	53.55	75.30
60	90.92	90.92	65.54	72.19	48.31	59.43	36.17	50.29	27.38	43.46
80	61.98	61.98	39.54	44.73	25.29	33.50	16.02	25.80	9.91	20.32
100	38.57	38.57	20.07	23.82	9.66	14.95	3.97	9.42	1.13	5.87

注：E_a 为三剪库仑主动土压力计算结果；E_a' 为双剪库仑主动土压力计算结果。

4.2.3　参数分析

影响非饱和土的三剪库仑主动土压力 E_a 的因素较多，有效内摩擦角 φ' 因土体本身的性质而产生影响，参数 b 因强度准则的选取而产生影响，在基于三剪统一强度准则的理论分析中，常取参数 $b=0$、0.5 和 1 三种情况来进行研究和比较分析；非饱和土的基质吸力 (u_a-u_w) 和基质吸力角 φ^b 因非饱和土液-气交界面上的收缩膜的性质而产生影响；墙背倾角 α 和填土倾角 β 因挡土墙及填土平面的几何角度而产生影响；外摩擦角 δ 和外黏聚力 k 因墙背及墙后土体的接触面的摩擦而产生影响。令 4.2.2 节算例中，$q = 10\text{kPa}$，$\alpha = 10°$，$\beta = 10°$，$\delta = 10°$，$k = 5\text{kPa}$，$(u_a - u_w) = 30\text{kPa}$，进行单因素分析。

1）基质吸力

基质吸力的大小和很多因素有关，如土体颗粒的大小、土的含水率、脱水吸水过程等，具体数值确定下来有一定难度。当墙后土体为砂质粉土时，基质吸力的变化范围可取为 0～120kPa。当基质吸力变化时，所得结果如图 4.2 所示。

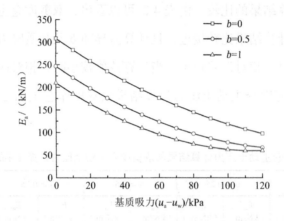

图 4.2　三剪库仑主动土压力与基质吸力 $(u_a - u_w)$ 的关系曲线

由图 4.2 可看出，当参数 $b = 0.5$ 时，基质吸力从 0kPa 增加到 20kPa，三剪库仑主动土压力 E_a 从 247.61kN/m 减小到 198.57kN/m，减小了 19.81%。非饱和土三剪库仑主动土压力 E_a 随基质吸力 $(u_a - u_w)$ 的增大而减小，且变化速率逐渐放缓。由此可见，基质吸力对库仑主动土压力的影响很大。其原因是当在非饱和土的抗剪强度公式中，增加了基质吸力贡献的部分，使土体的抗剪强度增大，土的自承载能力增强。当基质吸力为 50kPa 时，参数 b 从 0 增加到 0.5，三剪库仑主动土压力 E_a 从 195.60kN/m 减小到 139.73kN/m，减小了 28.56%。由此可见，中间主应力对三剪库仑主动土压力的影响较大，亦不可忽略，且参数 b 越大，三剪库仑主动土压力越小，其原因是三剪统一强度理论的屈服面在 Mohr-Coulomb 强度准则屈服面的外侧。考虑中间主应力可以充分发挥非饱和土的强度潜能和自承载能力。因此，考虑中间主应力的影响不但符合实际，而且具有可观的经济效益。

2）墙背倾角与填土倾角

本书算例中挡土墙为重力式挡土墙中的俯斜墙背类型，俯斜墙背的坡度缓些对施工有利，但所受的土压力亦随之增加，致使断面增大，因此墙背坡度不宜过缓，通常控制 $\alpha < 21°48'$（即 1∶0.4）。本书以 5° 为增加值，故取墙背倾角为 0°～25°。当采用俯斜墙背时，填土的坡度一般都较为平缓，故取填土倾角为 0°～25° 进行研究。墙背倾角 α 和填土倾角 β 角度发生变化时，三剪库仑主动土压力变化曲线如图 4.3、图 4.4 所示。

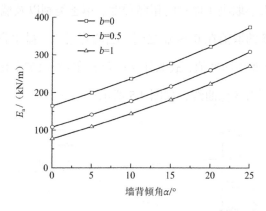

图 4.3　三剪库仑主动土压力 E_a 与墙背倾角 α 的关系曲线

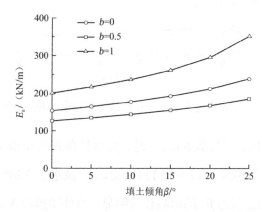

图 4.4　三剪库仑主动土压力 E_a 与填土倾角 β 的关系曲线

由图 4.3 和图 4.4 可看出，当参数 $b = 0.5$ 时，墙背倾角 α 从 0°增加到 10°，三剪库仑主动土压力 E_a 从 107.92kN/m 增大到 177.06kN/m，增大了 64.07%。非饱和上三剪库仑主动土压力 E_a 随墙背倾角 α 的增大而增大，且变化速率基本不变。填土倾角 β 从 0°增加到 10°，三剪库仑主动土压力 E_a 从 153.35kN/m 增大到 177.06kN/m，增大了 28.31%。非饱和土三剪库仑主动土压力 E_a 随墙背倾角 α 的增大而增大，且变化速率逐渐增大。这是因为当墙背倾角 α 和填土倾角 β 增加时，滑动土楔体的体积也增大，达到极限状态变得困难，故达到极限状态时的主动土压力会随二者的增加而增加。此外，当墙背倾角 α 为 5°时，参数 b 从 0 增加到 0.5，三剪库仑主动土压力 E_a 从 199.39kN/m 减小到 141.45kN/m，减小了 29.06%；填土倾角 β 为 5°时，参数 b 从 1 减小到 0.5，三剪库仑主动土压力 E_a 从 216.85kN/m 减小到 164.38kN/m，减小了 24.20%。

3）外摩擦角

外摩擦角 δ 的大小取决于墙背的粗糙程度、填土类别以及墙背的排水条件等因素，一般外摩擦角 δ 的取值在 0°～φ 之间，当墙背粗糙，排水良好时，δ 的取值一般小于 0.5 倍的内摩擦角标准值，故取外摩擦角 δ 在 0°～10°变化范围分析。非饱和土三剪库仑主动土压力变化曲线，如图 4.5 所示。

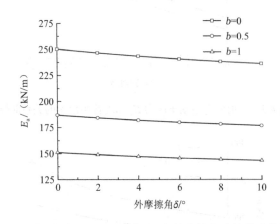

图 4.5　三剪库仑主动土压力 E_a 与外摩擦角 δ 的关系曲线

由图 4.5 可以看出，当参数 $b = 0.5$ 时，外摩擦角 δ 从 0°增加到 10°，三剪库仑主动土压力 E_a 从 187.05kN/m 减小到 177.06kN/m，减小了 5.34%，外摩擦角 δ 对非饱和土三剪库仑主动土压力 E_a 的影响较为明显。当外摩擦角 $\delta = 6$°时，参数 b 从 0 增加到 0.5，三剪库仑主动土压力 E_a 从 240.64kN/m 减小到 180.15kN/m，减小了 25.14%。三剪库仑主动土压力 E_a 随外摩擦角 δ 的增大而显著减小，其原因是外摩擦角考虑了挡土墙墙背的粗糙情况以及其与填土的黏聚力对土体稳定有利的影响。

4）有效内摩擦角与基质吸力角

土的有效内摩擦角 φ' 是土体最重要的特性指标之一，是土体抗剪强度、土压力计算等问题中的关键影响因素。不同种类土体的有效内摩擦角也各不相同，《工程地质手册》和国家规范等资料中都有不同的取值建议。根据《建筑地基基础设计规范》GB 50007—2011 和《公路桥涵设计通用规范》JTG D60—2015 的常用取值，取有效内摩擦角 φ' 的变化范围为 10°～40°。此时三剪库仑主动土压力有效内摩擦角 φ' 的变化曲线如图 4.6 所示。基质吸力角 φ^b 表示抗剪强度随基质吸力而增加的速率，由非饱和土力学知 φ^b 值小于或等于 φ' 值，所以取 φ^b 的变化范围也为 10°～40°进行分析，所得变化曲线如图 4.7 所示。

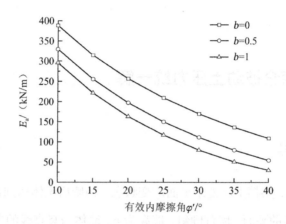

图 4.6　三剪库仑主动土压力 E_a 与有效内摩擦角 φ' 的关系曲线

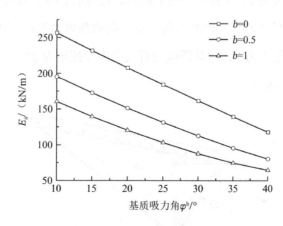

图 4.7　三剪库仑主动土压力 E_a 与基质吸力角 φ^b 的关系曲线

由图 4.6 和图 4.7 可以看出，当参数 $b = 0.5$ 时，有效内摩擦角 φ' 从 10°增加到 15°，三剪库仑主动土压力 E_a 从 329.70kN/m 减小到 255.38kN/m，减小了22.54%。基质吸力角 φ^b 从 10°增加到 15°，三剪库仑主动土压力 E_a 从 195.43kN/m

减小到 172.63kN/m，减小了 11.67%。随着有效内摩擦角 φ' 与基质吸力角 φ^b 的增大，非饱和三剪库仑主动土压力 E_a 不断减小。此外，当有效内摩擦角 φ' 为 20° 时，参数 b 从 0 增加到 0.5，三剪库仑主动土压力 E_a 从 256.43kN/m 减小到 197.08kN/m，减小了 23.14%。当基质吸力角 φ^b 为 20°时，参数 b 从 0 增加到 0.5，三剪库仑主动土压力 E_a 从 207.61kN/m 减小到 151.38kN/m，减小了 27.08%。由非饱和土的抗剪强度公式可知，随有效内摩擦角及基质吸力角的增大，非饱和土的抗剪强度也得到提高，土的自承载能力加强，所以达到极限状态的库仑主动土压力会随之减小。

4.3　三剪库仑被动土压力统一解

4.3.1　公式推导

如图 4.8 所示，某挡土墙处于平面应变状态，挡墙后土体达到被动极限状态时，破裂面为通过墙踵的平面。墙背倾斜，墙高为 h，墙体与竖直线的夹角为 α，填土为均质非饱和土，重度为 γ，土体表面向上倾斜，且与水平面的夹角为 β，均布荷载 q 作用于填土表面，填土的有效内摩擦角为 φ'，有效黏聚力为 c'，填土与墙背之间的摩擦角为 δ，外黏聚力为 k，与基质吸力有关的内摩擦角为 φ^b，基质吸力沿深度为常数，大小为 $(u_a - u_w)$。

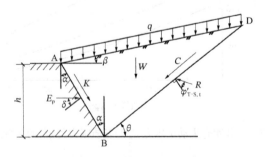

图 4.8　挡土墙及滑裂面示意图

楔形土体 ABD 的自重 W，方向向下；楔形土体 ABD 上均布荷载 q 的总重量为 Q，方向向下；作用于 BD 面上的黏聚力 C，方向沿 BD 面向下；作用于 AB 面上

的黏聚力 K，方向沿墙背的方向向下；作用于 AB 面上的土体反力 E_p，其与 AB 面法线的夹角为 δ；作用于 BD 面上的土体反力 R，其与 BD 面法线的夹角为 $\varphi'_{\text{T-S,t}}$。其中 W、Q、C、K 的数值为：

$$
\begin{cases}
W = \dfrac{1}{2}\gamma h^2 \dfrac{\cos(\alpha-\beta)\cos(\theta-\alpha)}{\cos^2\alpha\sin(\theta-\beta)} \\[3mm]
Q = qh\dfrac{\cos(\theta-\alpha)\cos\beta}{\sin(\theta-\beta)\cos\alpha} \\[3mm]
C = c_{\text{T-S,tt}}h\dfrac{\cos(\alpha-\beta)}{\sin(\theta-\beta)\cos\alpha} \\[3mm]
K = k\dfrac{h}{\cos\alpha}
\end{cases}
\tag{4.4}
$$

根据滑动土体 ABD 的平衡条件，可得到墙背对土体的作用力为：

$$
E = \frac{(W+Q)\sin(\theta+\varphi'_{\text{T-S,t}})+K\sin(\theta+\varphi'_{\text{T-S,t}}-\alpha)+C\cos\varphi'_{\text{T-S,t}}}{\cos(\delta-\alpha+\theta+\varphi'_{\text{T-S,t}})}
\tag{4.5}
$$

通过对式(4.5)求导，即 $\dfrac{\mathrm{d}E}{\mathrm{d}\theta}=0$ 可求得使 E 取得最小值的 θ_{cr}，则此时求得的非饱和土库仑被动土压力为：

$$
E_p = \frac{(W+Q)\sin(\theta_{\text{cr}}+\varphi'_{\text{T-S,t}})+K\sin(\theta_{\text{cr}}+\varphi'_{\text{T-S,t}}-\alpha)+C\cos\varphi'_{\text{T-S,t}}}{\cos(\delta-\alpha+\theta_{\text{cr}}+\varphi'_{\text{T-S,t}})}
\tag{4.6}
$$

其中：

$$
\theta_{\text{cr}} = \arctan\left[\frac{-a+\sqrt{a^2-(d-b)(b+d)}}{d-b}\right]
\tag{4.7}
$$

式中：

$$
\begin{cases}
a = -\dfrac{1}{2}F\cos(\alpha-\beta)\cos(\delta-\alpha+2\varphi'_{\text{T-S,t}})+\dfrac{1}{2}F\cos(\alpha-\delta)\cos(\alpha+\beta)- \\[2mm]
\quad \dfrac{1}{2}G\sin 2\beta+H\sin(-\alpha-\beta+\delta+\varphi'_{\text{T-S,t}}) \\[2mm]
b = -\dfrac{1}{2}F\cos(\alpha-\beta)\sin(\delta-\alpha+2\varphi'_{\text{T-S,t}})-\dfrac{1}{2}F\cos(\alpha-\delta)\cos(\alpha+\beta)- \\[2mm]
\quad \dfrac{1}{2}G\cos 2\beta-H\cos(-\alpha-\beta+\delta+\varphi'_{\text{T-S,t}}) \\[2mm]
d = \dfrac{1}{2}F\sin(\delta-\beta)+\dfrac{1}{2}G \\[2mm]
F = \dfrac{1}{2}\gamma h^2\cos(\alpha-\beta)+qh\cos\alpha\cos\beta \\[2mm]
G = kh\cos\delta\cos\alpha \\[2mm]
H = c_{\text{T-S,tt}}h\cos(\alpha-\beta)\cos\varphi'_t\cos\alpha
\end{cases}
\tag{4.8}
$$

4.3.2　三剪库仑被动土压力公式退化及比较

本书所得的非饱和土的三剪库仑被动土压力统一解综合考虑了全部应力分量、基质吸力、外摩擦角等多种因素的影响，计入了墙后填土面超载、填土黏聚力、填土与墙背之间的粘结力等因素，不存在双重破坏角问题，便于理解和进行工程的应用和推广。

当基质吸力 $(u_a - u_w) = 0$ 时，式(4.6)可以适用于饱和土被动土压力的求解。当参数 b 取不同值，即可得到现有屈服准则下的结论，当 $b = 0$ 时，该公式退化为基于 Mohr-Coulomb 准则的非饱和土库仑被动土压力公式；当 $b = 1$ 时，退化为基于三剪强度准则的非饱和土库仑被动土压力公式。当墙背倾角 α、填土倾角 β、外摩擦角 δ、外黏聚力 k 和均布荷载 q 均取为 0 时，式(4.6)退化为基于三剪统一强度准则的非饱和土朗肯被动土压力统一解。

三剪库仑被动土压力统一解在不同条件下的退化可以从基本情况说明所得结论的正确性。为了使比较更直观，进行算例分析。假设挡土墙的横向尺寸远远大于其高度和厚度，横向应变可忽略不计，此时挡土墙的问题可视为平面应变问题。墙体高度为 8m，墙后非饱和填土的重度 γ 为 18kN/m³，并假设填土为理想的黏性土。有效内摩擦角 φ' 为 22°，有效黏聚力 c' 为 5kPa，基质吸力沿深度设为常数，分别讨论取 0～100kPa 的情况，基质吸力角 φ^b 为 14°。挡土墙背与填土面垂直，不计摩擦力影响，填土平面为与挡土墙顶端等高的水平面，故墙背倾角 α、填土倾角 β、外摩擦角 δ 和外黏聚力 k 取为 0，作用在非饱和填土上表面的均布荷载 q 均取为 0。

基质吸力 $(u_a - u_w)$ 分别取 0kPa、20kPa、40kPa、60kPa、80kPa、100kPa 时，参数 b 取为 0、0.25、0.5、0.75、1。可以得到 30 种工程状况下被动土压力的解答情况。分别采用三剪库仑被动土压力统一解与本书第 3 章三剪朗肯被动土压力的计算做比较，所得如表 4.3 所示。

三剪库仑被动土压力计算结果与三剪朗肯被动土压力计算结果的比较　表 4.3

基质吸力/kPa	$b = 0$		$b = 0.25$		$b = 0.5$		$b = 0.75$		$b = 1$	
	E_p/(kN/m)	E'_p/(kN/m)	E_p/(kN/m)	E'_p/(kN/m)	E_p/(kN/m)	E'_p/(kN/m)	E_p/(kN/m)	E'_p/(kN/m)	E_p/(kN/m)	E'_p/(kN/m)
0	1384.65	1384.65	1538.56	1538.56	1678.45	1678.45	1806.14	1806.14	1923.18	1923.18
20	1502.93	1502.93	1673.74	1673.74	1828.09	1828.09	1968.34	1968.34	2096.40	2096.40

续表

基质吸力/kPa	b = 0		b = 0.25		b = 0.5		b = 0.75		b = 1	
	E_p/(kN/m)	E_p'/(kN/m)	E_p/(kN/m)	E_p'/(kN/m)	E_p/(kN/m)	E_p'/(kN/m)	E_p/(kN/m)	E_p'/(kN/m)	E_p/(kN/m)	E_p'/(kN/m)
40	1621.22	1621.22	1808.92	1808.92	1977.73	1977.73	2130.54	2130.54	2269.62	2269.62
60	1739.50	1739.50	1944.11	1944.11	2127.37	2127.37	2292.73	2292.73	2442.84	2442.84
80	1857.79	1857.79	2079.29	2079.29	2277.02	2277.02	2454.93	2454.93	2616.07	2616.07
100	1976.08	1976.08	2214.47	2214.47	2426.66	2426.66	2617.12	2617.12	2789.29	2789.29

注：E_p 为三剪库仑被动土压力计算结果；E_p' 为三剪朗肯被动土压力计算结果。

由表 4.3 可以看出，本书三剪库仑被动土压力统一解在上述条件下的计算结果与三剪朗肯被动土压力统一解的计算结果完全一致。经典的库仑土压力在题设条件下，所得结果与经典的朗肯土压力结果相同。同理，基于三剪统一强度理论的三剪库仑被动土压力统一解，在题设条件下也应与三剪朗肯被动土压力统一解结果相同，表 4.3 的结果充分证明了这一原理，从朗肯与库仑土压力间的关系情况说明了所得结论的正确性。与双剪朗肯被动土压力统一解相比，本书所得解可以考虑墙背倾角 α、填土倾角 β、外摩擦角 δ、外黏聚力 k 等因素的影响，可以适用于更多的工程情况。

为比较三剪统一强度准则和双剪统一强度理论所带来的差异，表 4.4 列出了基于三剪统一强度准则的三剪库仑被动土压力计算结果与基于双剪统一强度理论的双剪库仑被动土压力计算结果的比较。由表 4.4 可以看出，双剪库仑被动土压力和三剪库仑被动土压力计算结果比较接近，且计算差异随 b 及基质吸力的增大而增大，当计算数值较大时，相对误差较小；当计算数值较小时，相对误差较大，数值差异整体较小。

三剪库仑被动土压力计算结果与双剪库仑被动土压力计算结果的比较　表 4.4

基质吸力/kPa	b = 0		b = 0.25		b = 0.5		b = 0.75		b = 1	
	E_p/(kN/m)	E_p'/(kN/m)	E_p/(kN/m)	E_p'/(kN/m)	E_p/(kN/m)	E_p'/(kN/m)	E_p/(kN/m)	E_p'/(kN/m)	E_p/(kN/m)	E_p'/(kN/m)
0	1384.65	1384.65	1538.56	1474.49	1678.45	1546.37	1806.14	1605.19	1923.18	1654.19
20	1502.93	1502.93	1673.74	1607.01	1828.09	1690.35	1968.34	1758.59	2096.40	1815.48
40	1621.22	1621.22	1808.92	1739.52	1977.73	1834.33	2130.54	1911.99	2269.62	1976.78
60	1739.50	1739.50	1944.11	1872.03	2127.37	1978.30	2292.73	2065.40	2442.84	2138.07

基质 吸力/ kPa	$b=0$		$b=0.25$		$b=0.5$		$b=0.75$		$b=1$	
	$E_p/$ (kN/m)	$E_p'/$ (kN/m)	$E_p/$ (kN/m)	$E_p'/$ (kN/m)	$E_p/$ (kN/m)	$E_p'/$ (kN/m)	$E_p/$ (kN/m)	$E_p'/$ (kN/m)	$E_p/$ (kN/m)	$E_p'/$ (kN/m)
80	1857.79	1857.79	2079.29	2004.54	2277.02	2122.28	2454.93	2218.80	2616.07	2299.36
100	1976.08	1976.08	2214.47	2137.06	2426.66	2266.25	2617.12	2372.20	2789.29	2460.65

注：E_p 为三剪库仑被动土压力计算结果；E_p' 为双剪库仑被动土压力计算结果。

4.3.3 参数分析

影响三剪库仑被动土压力统一解 E_p 的因素较多，有效内摩擦角 φ' 因土体本身的性质而产生影响，参数 b 因强度准则的选取而产生影响，在基于双剪统一强度理论的理论分析中，常取参数 $b=0$、0.5 和 1 三种情况来进行研究和比较分析；非饱和土的基质吸力 (u_a-u_w) 和基质吸力角 φ^b 因非饱和土液-气交界面上的收缩膜的性质而产生影响；墙背倾角 α 和填土倾角 β 因挡土墙及填土平面的几何角度而产生影响；外摩擦角 δ 和外黏聚力 k 因墙背及墙后土体的接触面的摩擦而产生影响。令4.3.2节算例中，$q=10\text{kPa}$，$\alpha=10°$，$\beta=10°$，$\delta=10°$，$k=5\text{kPa}$，$(u_a-u_w)=30\text{kPa}$，进行单因素分析。

1）基质吸力

基质吸力的大小和很多因素有关，如土体颗粒的大小、土的含水率、脱水吸水过程等，具体数值确定下来有一定难度。当墙后土体为砂质粉土时，基质吸力的变化范围可取为 0～120kPa。当基质吸力变化时，三剪库仑被动土压力 E_p 的变化曲线如图 4.9 所示。

由图 4.9 可以看出，当参数 $b=0.5$ 时，基质吸力从 0 增加到 120kPa，三剪库仑被动土压力 E_p 从 2973.85kN/m 增加到 4221.00kN/m，增加了 41.94%，非饱和土三剪库仑被动土压力 E_p 随基质吸力 (u_a-u_w) 的增大而增大，且与变化速率基本不变。由此可见，基质吸力对三剪库仑被动土压力的影响较大。其原因是当在非饱和土的抗剪强度公式中，增加了基质吸力贡献的部分，使土体的抗剪强度增大，土的自承载能力增强。当基质吸力为 50kPa 时，参数 b 从 0 增加到 0.5，三剪库仑被动土压力 E_p 从 2817.325kN/m 增加到 3486.463kN/m，增加了 23.75%。由此可见，中间主应力对三剪库仑被动土压力的影响较大，且参数 b 越大，三剪库仑被动土压力越大。其原因是三剪统一强度理论的屈服面在 Mohr-Coulomb 强度准则屈服面的外侧。考虑中间主应力可以充分发挥非饱和土的强度潜能。因此，考虑中间主应力的影响不但符合实际，而且具有可观的经济效益。

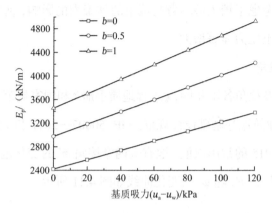

图 4.9　三剪库仑被动土压力 E_p 与基质吸力 $(u_a - u_w)$ 的关系曲线

2）外摩擦角

外摩擦角 δ 的大小取决于墙背的粗糙程度、填土类别以及墙背的排水条件等因素，一般外摩擦角 δ 的取值在 $0° \sim \varphi$ 之间，当墙背粗糙，排水良好时，δ 的取值一般小于 0.5 倍的内摩擦角标准值，故取外摩擦角 δ 在 $0° \sim 10°$ 变化范围分析。三剪库仑被动土压力 E_p 的变化曲线如图 4.10 所示。

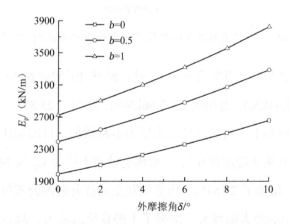

图 4.10　三剪库仑被动土压力 E_p 与外摩擦角 δ 的关系曲线

由图 4.10 可以看出，当参数 $b = 0.5$ 时，δ 从 $0°$ 增加到 $10°$，三剪库仑被动土压力 E_p 从 2392.48kN/m 增加到 3285.91kN/m，增加了 37.34%。非饱和土三剪库仑

被动土压力 E_p 随外摩擦角 δ 的增大而增大，且变化速率基本保持不变。当 $\delta = 6°$ 时，参数 b 从 0 增加到 0.5，三剪库仑被动土压力 E_p 从 2357.61kN/m 增加到 2878.85kN/m，增加了 22.11%。三剪库仑被动土压力随外摩擦角的增大而显著增大，其原因是外摩擦角考虑了挡土墙墙背与填土的黏聚力的影响，黏聚力与被动土压力方向相反，故被动土压力显著增大。

　　3）有效内摩擦角

　　土体的有效内摩擦角各不相同，《工程地质手册》和国家规范等资料中有不同的取值建议。根据《建筑地基基础设计规范》GB 50007—2011 和《公路桥涵设计通用规范》JTG D60—2015 的常用取值，取有效内摩擦角 φ' 的变化范围为 $10°\sim40°$。此时三剪库仑被动土压力 E_p 随 φ' 的变化曲线如图 4.11 所示。

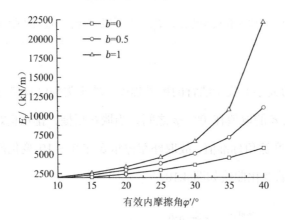

图 4.11　三剪库仑被动土压力 E_p 与有效内摩擦角 φ' 的关系曲线

　　由图 4.11 可以看出，当参数 $b = 0.5$ 时，φ' 从 10° 增加到 15°，三剪库仑被动土压力 E_p 从 1907.44kN/m 增加到 2362.66kN/m，增加了 23.87%。随着有效内摩擦角 φ' 的增大，非饱和土三剪库仑被动土压力不断增加，且增加速率显著增大。当 $\varphi' = 20°$ 时，参数 b 从 0 增加到 0.5，三剪库仑被动土压力 E_p 从 2464.12kN/m 增加到 2977.02kN/m，增加了 20.81%。由非饱和土的抗剪强度公式可知，土的抗剪强度随有效内摩擦角的增大而增大，增强了土的自承载能力，故达到极限状态的被动土压力增大。

　　4）基质吸力角分析

　　基质吸力角 φ^b 表示抗剪强度随基质吸力而增加的速率，由非饱和土力学知基

质吸力角 φ^{b} 值小于或等于 φ' 值，所以取 φ^{b} 的变化范围也为 $10°\sim40°$ 进行分析，所得变化曲线如图 4.12 所示。

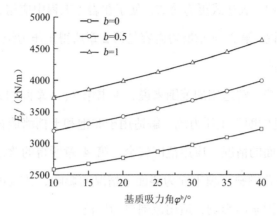

图 4.12　三剪库仑被动土压力 E_{p} 与基质吸力角 φ^{b} 的关系曲线

由图 4.12 可以看出，当参数 $b = 0.5$ 时，φ^{b} 从 $10°$ 增加到 $30°$，三剪库仑被动土压力 E_{p} 从 3196.49kN/m 增加到 3678.56kN/m，增加了 15.08%。随着基质吸力角 φ^{b} 的增大，非饱和土三剪库仑被动土压力不断增加，变化速率基本不变。当 $\varphi^{\text{b}} = 20°$ 时，参数 b 从 0 增加到 0.5，三剪库仑被动土压力 E_{p} 从 2767.72kN/m 增加到 3424.40kN/m，增加了 23.73%。由非饱和土的抗剪强度公式可知，土的抗剪强度随基质吸力角的增大而增大，增强了土的自承载能力，故达到极限状态的被动土压力增大。

4.4　三种土压力公式关系

本书第 2 章推导了基于双剪统一强度理论的非饱和土双剪库仑主被动土压力统一解，第 3 章推导了基于三剪统一强度准则的非饱和土三剪朗肯主被动土压力统一解，第 4 章推导了基于三剪统一强度准则的非饱和土三剪库仑主被动土压力统一解。这三种土压力理论都可以用于解决非饱和土挡土的土压力问题，但由于采用方法不同，考虑因素及适用范围有一定的差异。

从采用的强度理论来说，本书第 2、3、4 章所得的土压力统一解是递进的关系。

胡小荣提出的三剪统一强度准则是对俞茂宏提出的双剪统一强度理论的改进，可以避免双剪统一强度理论中存在的双重破坏角问题，并且可以考虑最小主应力及作用面上法向应力的影响，表达式更为简洁，便于在岩土工程中应用。因此，从强度准则的选取的角度来说，第 3、4 章所得内容是第 2 章所得土压力统一解的改进，并且取得的结果更为经济。

从所得土压力统一解适用的范围来说，本书第 3、4 章间的关系为递进关系。第 3 章所得的改进的朗肯土压力统一解适用于非饱和土挡墙墙背竖直且光滑无摩擦，填土面为水平面的情况，应用范围较窄。第 4 章所得的改进的库仑土压力统一解则可以考虑墙背倾斜、填土面为斜面等情况的影响，并且可以考虑墙背与填土面间外摩擦角等因素的影响，适用范围更为广泛。

由经典的 Mohr-Coulomb 强度准则得到的土压力公式已经广为应用，由双剪统一强度理论取得的土压力成果也逐渐丰富，二者均有比较长久的研究历史和试验检验，并且在实际工程中也有应用。三剪统一强度准则于 2004 年由胡小荣提出，研究发展的时间还很短，缺乏试验和实践的检验，其价值更在于理论意义。因此，应根据不同的工程情况，选择适宜的土压力公式进行求解。

4.5　本章小结

本章推导了非饱和土的三剪库仑主动及被动土压力统一解，所得结果不仅可以克服双剪统一强度理论所带来的双重破坏角问题，还可以计算不同角度填土平面和挡土墙墙面的非饱和土土压力，并构成三剪非饱和土朗肯及库仑土压力经典解法的完整体系，具有十分重要的意义。当墙背竖直光滑、填土水平时，所得结果与非饱和土的三剪朗肯主动及被动土压力统一解结果一致。从强度准则的选取和适用的范围来论述了本书所得三种土压力统一解之间的递进关系。

将基于三剪统一强度准则的非饱和土库仑主动土压力及被动土压力公式和基于三剪统一强度准则的非饱和土朗肯主动土压力及被动土压力作比较，从必要性上说明了所得结论的正确性。同时与双剪库仑土压力公式所得结果相比较，三剪库仑土压力公式在计算主动土压力时所得结果偏小，在计算被动土压力时所得结果偏大，更具有经济性。这是因为三剪统一强度准则的屈服面在双剪统一强度理论屈服面的外侧，更能挖掘材料的自身强度潜力。

分析了基于三剪统一强度准则的非饱和土库仑主动土压力及被动土压力公式的影响因素，所得结果表明，三剪库仑主动土压力随基质吸力和参数 b 的增大而减小。参数 $b = 0.5$ 时，基质吸力从 0 增加到 20kPa，三剪库仑主动土压力 E_a 从 247.61kN/m 减小到 198.57kN/m，减小了 19.81%。由此可见，基质吸力对库仑土压力的影响很大。其原因是当在非饱和土的抗剪强度公式中，增加了基质吸力贡献的部分，使土体的抗剪强度增大，土的自承载能力增强。当基质吸力为 50kPa 时，参数 b 从 0 增加到 0.5，三剪库仑主动土压力 E_a 从 195.60kN/m 减小到 139.73kN/m，减小了 28.56%。考虑中间主应力效应可以挖掘土体潜能，得到更经济的结果。三剪库仑被动土压力随基质吸力和参数 b 的增大而增大。当参数 $b = 0.5$ 时，基质吸力从 0 增加到 120kPa，三剪库仑被动土压力 E_p 从 2973.85kN/m 增加到 4221.00kN/m，增加了 41.94%，由此可见，基质吸力对三剪库仑土压力的影响较大。当基质吸力为 50kPa 时，参数 b 从 0 增加到 0.5，三剪库仑被动土压力 E_p 从 2817.325kN/m 增加到 3486.463kN/m，增加了 23.75%。说明考虑中间主应力及基质吸力等因素的影响对土压力计算结果有着十分明显的作用。

第 5 章

管线与土体相互作用介绍

结构与土体相互作用研究

5.1　研究背景和意义

随着我国社会经济事业的蓬勃发展，城市化进程日益加快。在迁入人口为城市带来动力的同时，也带来了一系列问题，如城市人口膨胀、交通堵塞、建筑拥挤等。因此，需要进一步合理地开发和利用城市地下空间。地铁因其运行准时、载客量大等优点为各地政府所青睐，在很多城市已经有了成熟的地铁运营线路，新的地铁隧道建设也在不断进行中。

截至 2021 年 12 月，上海地铁运营线路共 20 条，运营里程共 831km（上海地铁，2021）。到 2030 年，上海市城市轨道交通 2030 年线网总长度将达到约 1642km，其中地铁线 1055km，市域铁路 587km；到 2035 年，线网总长度将达到约 2200km，其中地铁线 1043km，市域铁路 1157km（上海市规划和自然资源局，2017），轨道交通第三期建设已在进行中。

地铁隧道建设往往会经过建（构）筑物密集的区域，必然会对周边环境产生影响，地埋管线就是受隧道开挖影响的重要地下结构之一。隧道开挖会打破初始应力场的平衡，引起土体应力重新分布，使周边土体产生位移，移动的土体会对埋在其中的管线产生显著影响，使管线产生弯曲、伸长等变形，管线所受内力也会增加，甚至会导致管线及接头的破坏，产生燃气泄漏等问题。

近年来，有关地铁隧道开挖引起管线破坏的情况仍时有发生。2005 年 11 月 3 日，北京轨道交通 10 号线农业展览馆车站附近施工引起自来水管破裂，造成农展桥辅路塌陷；2006 年 1 月 3 日，北京轨道交通 10 号线呼家楼车站附近隧道开挖引起地埋排污管道及电缆管线破坏，造成内部污水流出及管线散落，如图 5.1 所示（Hou等，2015）[69]。

2011 年 3 月 16 日，在辽宁省大连市轨道交通 1 号线春柳站附近隧道施工引起大直径排污管道破坏，管线接头受损严重，内含污水泄漏，造成路面坍塌等问题，路面受损面积最终为 100m² 左右，周边住户的日常生活受到严重影响，如图 5.2 所示（程霖，2021）[70]。

(a) 管线断开   (b) 管线劈裂

图 5.1 北京地铁 10 号线京广桥附近事故现场（Hou 等，2015）[69]

(a) 接头断裂   (b) 路面坍塌

图 5.2 大连地铁 1 号线春光街站（今春柳站）事故现场（程霖，2021）[70]

    2015 年 2 月 10 日，在武汉地铁 3 号线施工过程中也发生隧道开挖引起的工程事故，在香港路车站与惠济二路车站之间的隧道掘进工程中，由于建设单位施工不当引发大面积的路面沉降，对黄孝河以及建设大道附近的交通带来不利影响，如图 5.3 所示（卢恺，2015）[71]。

(a) 路面沉降 1   (b) 路面沉降 2

图 5.3 武汉市地铁 3 号线某事故现场（卢恺，2015）[71]

2019 年 3 月 7 日，杭州地铁 5 号线平海路站施工导致污水管（万安桥泵站 D1800 出水管）发生渗漏，建国北路（小河下处）南向北车道路面污水井盖下沉，污水流入基坑内，造成地面沉降，形成一个深度 4～5m 的大坑，造成周边有近 100 户居民停水，如图 5.4 所示。

图 5.4　杭州地铁 5 号线平海路站附近事故现场

从以上事故可以看出，地铁施工引起的管线变形和破坏给社会带来很大的经济损失，甚至会危害到公共安全。现在已有的管线大多铺设年代久远，部分管线腐蚀情况严重，一旦损坏不仅会造成漏水漏气等损失，还会对周边环境产生影响，造成土体坍塌等情况。为加强城市地下管线建设管理，保障城市安全运行，2014 年国务院办公厅倡议各省市展开地下管线普查工作，调查地埋管线服役现状，统筹管线工程建设，消除安全隐患，并专门颁布了《国务院办公厅关于加强城市地下管线建设管理的指导意见》（国办发〔2014〕27 号）。2016 年加拿大岩土工程学报出版了关于地下管线研究进展的专刊（Kouretzis 和 Gourvenec，2016）[72]，对近年来地埋管线的研究进展做了详细介绍。

研究隧道下穿既有地埋管线响应的重要关注点是地埋管线与周边土体的相互作用规律，需要定量分析管土相对刚度、管线接头位置、接头相对刚度、管节长度等因素在管土相互作用中的影响规律，合理选用管土相互作用的弹性及双曲线模型，适当考虑侧向土体位移对管线的影响。在此基础之上应当建立描述隧道开挖影响下地埋管线响应的物理模型，给出能综合考虑这些影响因素的管线响应的理论计算方法，简化得出适用于工程实践的简化评估方法。深入研究隧道下穿既有地埋管线响应问题，可以为新建隧道对管线的影响提供理论依据及实用方法，能够方便快捷地给出地埋管线的转角等变形信息，使得既有地埋管线的安全运营得到最大程度的保障，对管线的安全运行起到重要的作用。

5.2 隧道开挖引起地层变形

5.2.1 地层损失

隧道开挖会导致隧道周边土体应力状态发生改变，进而引起地表及其内部土体向开挖位置处发生移动。将每延米土体进入开挖空间内的体积称为地层损失（V_s），也即盾构施工中实际开挖土体体积与竣工隧道体积之差，如图 5.5 所示。常用地层损失除以每延米内隧道的体积以进行归一化，比值称为地层损失率（V_1），具体表达式见式(5.1)（Peck，1969）[73]。由于地层损失在实际工程中较易测量，因而在隧道工程中常常被采用，是重要的工程参数。

$$V_1 = \frac{4V_s}{\pi D_t^2} \tag{5.1}$$

式中：D_t 为隧道直径。

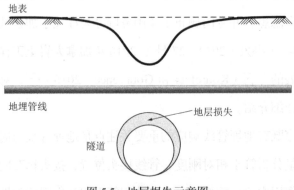

图 5.5　地层损失示意图

隧道开挖导致地层损失的大小与多种条件相关，比如地面条件、隧道施工方法、地下水条件和施工工艺等。盾构隧道施工引起的地层损失由两个部分组成：短期施工相关地层损失和随时间变化的地层损失。

Peck（1969）[73]给出了大量工程实测数据，包括在一些地下水位以下或以上砂性土层中隧道采用普通盾构施工所引起的地面沉降资料，以及不同工程情况下隧道的地层损失率等结果。

Cording（1991）[74]对其进行了详细分析，认为可以详细分为 5 个因素，包括由隧道开挖的超挖现象和钻孔的不对中引起的开挖的径向应变；隧道掘进机与衬砌之间存在一个尾部空隙，土壤将倾向于进入该空隙，导致进一步的径向土体运动；开挖面土体松弛引起的纵向土体应变；随着地面荷载的增加，隧道衬砌变形；因排水条件改变而导致的长期固结沉降。

刘建航和侯学渊（1991）[75]对隧道开挖引起地层损失的施工及其他因素进行了详细总结，将其归结为隧道衬砌沉降较大、开挖面土体移动、盾构后退、土体挤入盾尾空隙、改变推进方向、盾构正面障碍物影响、盾壳移动对地层的摩擦和剪切、隧道衬砌产生的变形 8 个因素；将施工引起的地层损失分为正常的地层损失、不正常的地层损失、灾害性的地层损失 3 类，并给出了上海地区一些盾构隧道中地面沉降资料。

在过去的几十年中，隧道掘进技术有了相当大的进步，主要进展是在软土隧道中。在软土中使用土压平衡和泥浆盾构机已经可以将地层损失率控制为 1%～2%，而砂土中的地层损失率通常低至 0.5%（Mair 和 Taylor，1999）[76]。Mair 和 Taylor（1999）[76]在广泛查阅了有关隧道引起的沉降的文献的基础上指出，在硬黏土（如伦敦黏土）中开挖露天隧道的典型地层损失率为 1%～2%，而使用喷射混凝土衬砌可将其减少到 0.5%～1.5%。然而，尽管技术取得了进步，在有其他隧道存在等常见的工程情况下，隧道开挖仍然可能产生更大的地层损失。

魏纲（2010）等[77]收集了杭州市庆春路过江盾构隧道施工引起的地面沉降实测数据，并结合北京、上海等其他 7 个城市地区盾构法隧道施工引起的土体损失率实测值，对 71 个实测数据进行了统计分析。结果表明：土体损失率分布在 0.20%～3.01%，其中 95.77% 的实测数据分布在 0.20%～2.0%，43.66% 的实测数据集中在

0.5%～1.0%；黏性土地区土体损失率在 0.20%～2.0%。

吴昌胜和朱志铎（2018）[78]收集了国内隧道开挖引起的最大地表沉降资料，利用 Peck 公式反推得到地层损失率的取值，研究大直径（$D > 10\mathrm{m}$）与中小直径盾构隧道地层损失率的分布规律及主要影响因素。研究表明，中小直径、大直径盾构隧道施工引起的地层损失率分别有 93.19%在 0%～2.0%、接近 70%在 0%～0.5%之间，大直径盾构隧道施工引起的地层损失率数值更小，分布更集中。

吴昌胜和朱志铎（2019）[79]对不同隧道施工方法引起地层损失率进行了统计整理，基于 Peck 公式对我国境内二十多个城市隧道开挖造成的地面沉降数据进行拟合分析，从而反推出不同施工方法对应的地层损失率的范围和概率。研究结果显示，土压平衡盾构方法引起的平均地层损失率为 0.96%，泥水平衡盾构方法引起的平均地层损失率为 0.48%，浅埋暗挖引起的平均地层损失率为 1.20%。总体来看，地层损失率分布在 0%～2.5%之间的概率为 92.8%。

5.2.2　地层纵向沉降

隧道开挖导致土体发生地层损失的同时必然伴随着土体的纵向沉降。在隧道开挖引起的地层移动问题中，通常将隧道径向面所在竖直面称为横断面，本书主要研究横断面内的地层移动。

Martos（1958）[80]和 Peck（1969）[73]对隧道及板状矿物开挖导致的地表沉降资料进行研究，结果表明在地层横断面内地表沉降槽数据较好地符合正态分布规律，可以用高斯曲线进行描述，Peck（1969）[73]以及 Schmidt（1969）[81]建议隧道开挖导致的地表沉降表达式为：

$$S_{\mathrm{v}}(x) = S_{\max} \exp\left(-\frac{x^2}{2i^2}\right) \tag{5.2}$$

式中：$S_{\mathrm{v}}(x)$ 为隧道横断面内位于坐标 x 处的竖向土体沉降；x 为计算位置与隧道中心线的水平距离；$S_{\max}$ 为地面竖向沉降最大值，一般位于隧道轴线正上方；i 为沉降槽曲线反弯点到沉降槽中点的水平距离，称为沉降槽宽度系数。式(5.2)在工程应用中一般被称为 Peck 公式。

Mair 等（1993）[82]假定施工在不排水条件下进行，并且地层损失沿着隧道轴线方向均匀分布，则开挖后土体的地层损失与地面沉降槽的体积相等，即：

$$V_s = \int S_v(x)\,\mathrm{d}x \tag{5.3}$$

由 Peck 公式得：

$$\int S_v(x)\,\mathrm{d}x = \int S_{\max} \exp\left(-\frac{x^2}{2i^2}\right)\mathrm{d}x \tag{5.4}$$

联立式(5.3)及式(5.4)，可得地表最大沉降 $S_{\max}$ 与地层损失 V_s 及沉槽宽度系数 i 的关系为：

$$S_{\max} = \frac{V_s}{\sqrt{2\pi}i} \tag{5.5}$$

若用地层损失率（V_l）表示，将式(5.1)代入式(5.5)中，得：

$$S_{\max} = \frac{\sqrt{\pi}}{4\sqrt{2}} \cdot \frac{V_l D_t^2}{i} = 0.313 \frac{V_l D_t^2}{i} \tag{5.6}$$

沉降槽宽度系数 i 是描述地层沉降的重要参数，并且与工程情况密切相关。Clough 和 Schmidt（1981）[83]认为沉降槽宽度系数 i 与隧道半径、隧道轴线埋深有关，具体表达式为：

$$i = R_t \cdot \left(\frac{z_t}{2R_t}\right)^{0.8} \tag{5.7}$$

O'reilly 和 New（1982）[84]研究了多种条件下的地层沉降规律，地质条件包括裂隙性黏土、冰川沉积物和新近沉积的粉质黏土，以及低密度无黏性土、弱岩石和人造地基等，认为沉降槽宽度系数 i 只与隧道轴线埋深相关，关系可表示为：

$$i = Kz_t \tag{5.8}$$

式中：K 为沉降槽宽度参数，在黏性土中 K 可取为 0.5；在非黏性土中，K 可取为 0.25。

韩煊等（2007）[85]通过对我国 8 个地区隧道开挖引起的地层沉降观测数据进行收集分析，评价 Peck 公式在我国不同地区的适用性，认为对于大部分区域拟合效果都较为理性，并对上海等 8 个地区的沉降槽宽度参数 K 提出初步建议值。

Mair 等（1993）[82]研究了地表以下一定深度内土层的竖向沉降规律，认为隧道开挖引起地表以下的地层移动也可以用高斯曲线来描述，沉降槽宽度随土体深度的增加而减小，得到：

$$i = K(z_t - z) \tag{5.9}$$

并结合实测数据及离心机试验结果，得出 i 随地层深度 z 变化的普遍规律：

$$i/z_t = 0.175 + 0.325(1 - z/z_t) \tag{5.10}$$

由此得到 K 与埋深的关系为：

$$K = \frac{0.175 + 0.325(1 - z/z_t)}{1 - z/z_t} \tag{5.11}$$

式(5.11)的普遍形式可以写为：

$$K = \frac{K_s + \dfrac{\delta i}{\delta z}\left(\dfrac{z}{z_t}\right)}{1 - z/z_t} \tag{5.12}$$

式中：K_s 为土体表面的 K 值。Jacobsz（2002）基于砂土中离心机试验的结果，建议式(5.12)中 K_s 取为 0.35，$\frac{\delta i}{\delta z}$ 取为 -0.26。

Moh 等（1996）[86]结合我国台北地铁施工监测数据，认为地表以下土层的沉降不仅与隧道轴线深度有关，同时也与隧道直径有关，提出不同深度地层沉降表达式为：

$$i = \left(\frac{D_t}{2}\right)\left(\frac{Z_t}{D_t}\right)^{0.8}\left(\frac{Z_t - Z}{Z_t}\right)^{m_0} \tag{5.13}$$

式中：m_0 为沉降槽宽度参数，在黏土中 m_0 取 0.8，在砂土中 m_0 取 0.4。

Jacobsz（2003）[87]通过多组离心机试验研究了地层损失率对沉降槽宽度系数 i 的影响，研究结果显示，在砂土中地表沉降槽宽度系数 i 会随着地层损失率 V_1 的增加而减少。

Jacobsz 等（2004）[88]指出，在工程现场得到沉降槽测量数据点分散且有限，实际地面的变形有时会明显大于用这些离散数据点拟合得到的结果。用高斯曲线对工程中测量的沉降点进行拟合时，并不总能取得理想的效果。Celestino 等（2000）[89]也对这一现象进行了说明。

姜忻良等（2004）[90]对地表以下土体沉降做了分析，认为在实际工程中沉降槽的体积与地层损失是大致相等的，并基于此规律对沉降槽宽度系数 i 随深度的变化进行了研究，认为可以通过幂函数形式将二者的关系表示出来，为地表以下土层沉降提供计算方法。

Vorster 等（2005）[91]在 Peck 公式的基础上，引入沉降槽形状参数 n 以及 α，提出了改进的高斯公式，以更好地对砂土中隧道开挖产生的土体沉降进行拟合，可以应用于地表及地表以下土层变形的描述，具体形式如下：

$$S_v(x) = S_{max} \frac{n}{(n-1) + \exp\left[\alpha\left(\frac{x}{i}\right)^2\right]} \tag{5.14}$$

$$n = e^{\alpha} \frac{2\alpha - 1}{2\alpha + 1} + 1 \tag{5.15}$$

式中：n 对沉降槽曲线的影响效果如图 5.6 所示。

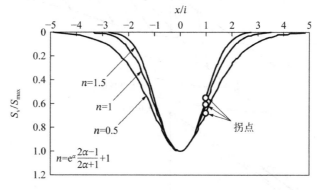

图 5.6　n 对沉降槽曲线的影响（Vorster 等，2005）

韩煊等（2007）[92]在 Mair 公式的基础上，着重讨论了地层深度对沉降槽形状的影响，提出了修正计算公式，所得结果对砂性土及黏性土均有较好的适用性，同时建议对工程数据不断积累，以得到合理的计算参数。

除了经验公式以外，还有一些学者采用理论解析的方法对地层沉降进行了研究。这种方法将土体视为连续弹性体进行理论求解，也是预测地层移动的有效方法之一。

Rowe 等（1983）[93]将隧道开挖简化为二维的平面应变问题，首次提出了间隙系数的概念，并指出间隙系数非常重要且较难确定，与盾构机械、隧道开挖方式、隧道衬砌、土体类型等因素相关。Lee 等（1992）[94]对间隙系数的影响因素进行了详细研究，认为间隙参数主要受 3 个因素影响，分别为隧道衬砌与开挖面之间的空间孔隙、隧道开挖导致的周边土体塑性变形、隧道施工中存在的超挖情况。

Sagaseta（1987）[95]假设地层不可压缩且为各向同性的半无限体，土体从隧道开挖面周围向圆心均匀收缩，得到了地层沉降的解析解。

$$S_v = \frac{V_s}{2\pi} \frac{z_t}{x^2 + z_t^2} \left[1 + \frac{y}{(x^2 + y^2 + z_t^2)^{0.5}} \right] \tag{5.16}$$

x、y、z 方向分别如图 5.7 所示。

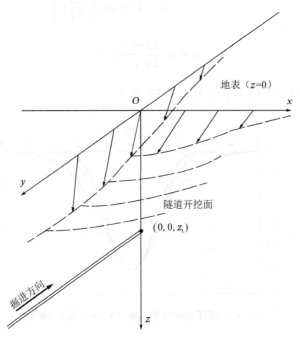

图 5.7　解析法求解问题描述（Sagaseta，1987）[95]

Verruijt 和 Booker（1996，1998）[96-97]采用相同理论方法进行研究，考虑地层损失引起的均匀径向位移和隧道椭圆化影响，如图 5.8 所示，给出了隧道开挖引起地表半平面任意点位移和应力分量的解析表达式。

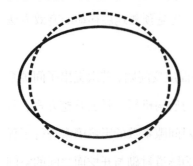

图 5.8　地层损失及隧道椭圆化
（Verruijt 和 Booker，1996）[96]

Loganathan 和 Poulos（1998）[98]考虑隧道拱顶土体变形大于两侧及拱底的情况，基于 Verruijt 等提出的计算公式，提出"等效地层损失"和"间隙参数"的概念，基于隧道开挖非均匀收缩的分析模型（图 5.9），得到地层垂直沉降位移的解析表达式，通过与工程实测数据对比发现，公式对硬黏土的沉降预测较好，而对软黏土预测的沉降槽宽度会略大于实测值。

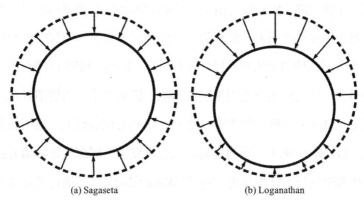

(a) Sagaseta   (b) Loganathan

图 5.9 隧道开挖收缩模式（Loganathan 和 Poulos，1998）[98]

$$S_{\mathrm{v}} = R_{\mathrm{t}}^2 \left\{ -\frac{z - z_{\mathrm{t}}}{x^2 + (z - z_{\mathrm{t}})^2} + (3 - 4\upsilon)\frac{z + z_{\mathrm{t}}}{x^2 + (z + z_{\mathrm{t}})^2} - \frac{2z[x^2 - (z + z_{\mathrm{t}})^2]}{[x^2 + (z + z_{\mathrm{t}})^2]^2} \right\} \cdot$$
$$\frac{4R_{\mathrm{t}}g + g^2}{4R_{\mathrm{t}}^2}\exp\left\{ -\left[\frac{1.38x^2}{(z_{\mathrm{t}} + R_{\mathrm{t}})^2} + \frac{0.69z^2}{z_{\mathrm{t}}^2}\right]\right\} \tag{5.17}$$

式中：x 为到隧道中心线的水平距离；z 为到地面的竖向距离，由地面向下为正；z_{t} 为隧道轴线埋深；R_{t} 为隧道外半径；g 为间隙参数；υ 为土体泊松比。

韩煊和李宁（2007）[92]考虑隧道开挖非均匀收缩的分析模型，采用随机介质方法对圆形、矩形、椭圆形、马蹄形隧道开挖问题进行分析，得到适用性较广的地层竖向沉降预测方法。

一些学者采用有限元方法对隧道开挖引起的地层沉降规律进行研究。Potts（2003）[99]对数值方法在岩土工程中的应用做了详细的分析，总结了当时的应用现状，并对能否用数值方法代替传统方法做了讨论。Lee 和 Ng（2005）[100]采用应力控制法模拟隧道开挖，采用 Drucker-Prager 模型研究隧道开挖对既有单桩基础的影响，得到隧道开挖面与桩轴线间距离对土体沉降的影响规律。Cheng 等（2007）[101]采用位移控制法模拟隧道开挖，使用非线性弹塑性本构模型研究隧道-桩-土体间的相互作用，研究表明此方法对深层土体沉降模拟效果较好，但对表层土体模拟误差稍大。Liu 等（2009）[102]采用莫尔-库仑模型研究了隧道开挖工序对已有隧道的影响，结果表明施工顺序对已有的垂直方向隧道影响显著。Ng 等（2013）[103]采用亚塑性模型（Hypoplastic model）研究隧道开挖对既有上部隧道的影响，结果表明当同时考虑地层损失效应和重力损失效应时，隧道开挖造成的土体沉降最小。Fargnoli 等（2015）[104]等采用小应变模型研究了地层沉降规律，结果表明用高斯曲线可以很好地模拟隧道开挖后横断面土体沉降。Xie 等（2016）[105]采用莫尔-库仑模型模拟了上海某一大直径隧道开挖对土体位移的影响，结果表明，注浆压力对土体位移的影响较大。

也有学者采用试验的方法对此问题进行研究。Potts（1976）[106]在砂土中进行了一系列离心试验以研究隧道开挖对地层的影响，试验结果表明隧道开挖后会产生应力重分布现象。Mair（1979）[107]在黏土中进行了离心试验研究，证明在黏土中也存在相同现象。Lee 等（1999）[108]通过离心试验研究了不同深度处隧道开挖面的稳定性，并对破坏机理进行了详细分析。Ng 和 Wong（2013）[109]通过离心试验对隧道开挖引起的地层变形做了研究。

5.2.3　地层水平位移

隧道开挖同样会引起地层水平位移。Attewell（1978）[110]和 O'reilly 和 New（1982）[84]提出，当在黏土中开挖隧道时，可以认为土体沿隧道轴线方向移动。将使用这种方法所作的估计与实地测量结果进行比较，显示出合理的一致性，这被称为"点汇"假设，可以根据以下关系通过纵向沉降估计水平位移：

$$S_h(x) = \frac{x}{z - z_t} \cdot S_v \tag{5.18}$$

Taylor（1995）[111]研究指出，若假设沉降剖面符合正态分布，且由式(5.11)可知 K 随深度增加而减小，对于不排水隧道开挖等体积不变情况，位移矢量指向隧道轴线以下距离为 $0.175z_t/0.325$ 的点。这导致估计的地表水平位移相对于式(5.18)确定的位移减少了 35%。

Attewell 和 Yeates（1984）[112]允许位移矢量指向的中心点发生变化（在隧道轴线以上或以下，但沿隧道中心线发生变化），认为可以用式(5.19)描述某一深度处隧道开挖引起的土体水平位移：

$$S_h(x, z) = \frac{\eta_0 \cdot x}{z_t - z} \cdot S_v \tag{5.19}$$

式中：η_0 为与排水条件有关的参数，在不排水条件下 $\eta_0 = 1$，在排水条件下 $\eta_0 < 1$。$\eta_0 = 1$ 等价于"点汇"假设，即土体位移向量指向隧道轴线，而 $\eta_0 < 1$ 意味着向量指向隧道轴线以下的一点，后者表明颗粒土的垂直向量越来越大。

假设沉降剖面符合正态分布，并且土体位移向量指向隧道中心线，水平位移可以通过组合方程式(5.2)和式(5.18)来确定，从而给出以下关系：

$$S_h(x,z) = \frac{x}{z - z_t} \cdot S_{max} \exp\left(-\frac{x^2}{2i^2}\right) \tag{5.20}$$

Hong 和 Bae（1994）[113]根据穿越韩国砂质地层的 10m 直径隧道的野外观测资料，说明利用式(5.20)会明显低估沉降槽边缘部分水平运动的强度。Cording(1991)[114]通过现场监测数据和离心机试验进行了类似的观察，然而，正如 Mair 和 Taylor（1999）[76]所指出，沉降槽边缘区域（$2.0i < x < 3.0i$）的水平位移本来就很小。

Marshall（2009）[115]对平面应变条件下砂土中的隧道进行离心机试验，认为位移矢量的方向随隧道中心线的深度和偏移而变化。Potts(1976)[116]和 Mair(1979)[117]分别在砂土和黏土中进行了离心模型试验，也得出了类似的结论。Dimmock（2003）[118]在英国伦敦 Southwark 公园中隧道开挖引起砂性粉质黏土的位移做了测量分析，并采用 Attewell 和 Yeates（1984）定义的 η_0 值进行分析，结果表明，随着深度的增加，η_0 呈明显的递减趋势。

Farrell（2011）[119]认为砂土中的沉降槽可以更好地用修正的高斯曲线来近似描述，并用 Attewell 和 Yeates（1984）提出参数 η_0 来考虑矢量方向的变化，联立式(5.14)和式(5.19)，对水平位移提出了相应的修正关系为：

$$S_h(x,z) = \frac{nx}{z_t - z} \cdot \frac{\eta_0 \cdot S_{max}}{(n-1) + \exp\left(\alpha \frac{x^2}{i^2}\right)} \tag{5.21}$$

高斯曲线形状如图 5.10 所示。

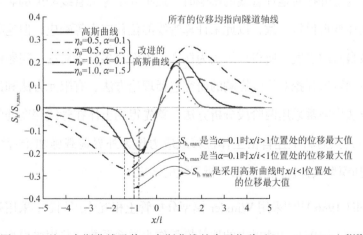

图 5.10　基于高斯曲线及修正高斯曲线的水平位移（Farrell，2011）[119]

与竖直沉降类似，同样有一些学者采用理论解析的方法对地层水平位移进行了研究。Sagaseta（1987）[120]假设土体从隧道开挖面周围向圆心均匀收缩，得到了地层水平位移的解析解。

$$S_\mathrm{h} = -\frac{V_\mathrm{s}}{2\pi}\frac{x}{x^2 + h^2}\left[1 + \frac{y}{(x^2 + y^2 + h^2)^{0.5}}\right] \tag{5.22}$$

Loganathan 和 Poulos（1998）[121]采用椭圆化非等量径向土体位移模式，得到隧道开挖引起地层水平移动的解析解。

$$S_\mathrm{h} = -R_\mathrm{t}^2 x\left\{\frac{1}{x^2 + (z_\mathrm{t} - z)^2} + \frac{3 - 4V_\mathrm{s}}{x^2 + (z_\mathrm{t} + z)^2} - \frac{4z(z + z_\mathrm{t})}{\left[x^2 + (z_\mathrm{t} + z)^2\right]^2}\right\} \cdot$$

$$\frac{4gR_\mathrm{t} + g^2}{4R_\mathrm{t}^2} \cdot \exp\left\{-\left[\frac{1.38x^2}{(z_\mathrm{t} + R_\mathrm{t})^2} + \frac{0.69z^2}{z_\mathrm{t}^2}\right]\right\} \tag{5.23}$$

也有学者采用试验的方法对地层水平位移进行了研究。Kimura 和 Mair（1981）[122]做了一系列离心机试验，针对伦敦地区的地层沉降进行了研究，假定土体始终为不排水状态，提出了隧道开挖引起地层水平位移的表达式。

5.3　隧道开挖对管线的影响

5.3.1　理论分析方法

在研究隧道开挖对地埋管线的影响时，最早并不考虑管线刚度的影响，而是假设管线与土体变形保持一致，以此来计算管线的位移应力等响应，但这种方法由于忽略了管线自身的强度，所得结果较为保守，因而众多学者对这一问题展开了系统的研究。目前隧道开挖对管线影响的研究包括理论方法、有限元方法和试验方法。其中理论方法中常常采用两阶段分析方法，首先得到土体在管线深度处的自由沉降位移或应力，然后将上述自由土体位移或应力作为外界荷载施加于管线上，采用 Winkler 地基模型或弹性理论方法分析管线的响应。

Attewell（1986）[123]采用 Winkler 模型分析管土相互作用问题，采用弹簧模拟土体，使用 Vesic（1961）[124]提出的地基模量作为弹簧系数，并用梁模型来模拟地埋

管线，计算得到管线在隧道开挖条件下的位移响应等信息，并与采用 Mindlin
（1936）[125]解的弹性理论法进行了比较。管线变形控制微分方程形式如下：

$$\frac{\mathrm{d}^4 w}{\mathrm{d}x^4} + 4\lambda^4 w = 4\lambda^4 S_v \tag{5.24}$$

Klar（2005）[126]采用弹性理论法和 Winkler 模型来计算隧道开挖对管线的影响，
并将两种方法的计算结果进行对比，发现采用 Vesic 模量的 Winkler 法有时会低估管
线的弯矩响应。根据 Winkler 模型与弹性连续体方法计算结果的一致性，得到了改
进的地基模量。

Vorster 等（2005）[127]考虑管线周边土体模量随剪应变的非线性变化规律，基于
弹性理论法分析隧道开挖对连续管线影响，提出计算管线最大弯矩的简化方法，该
方法采用等效线性法考虑土的非线性特性，并说明弯矩计算结果不被低估，结合离
心机试验结果说明了所得方法的有效性。

Klar 等（2007）[128]采用边界积分方法对管土连续介质方程进行求解，可以对荷
载位移的弹塑性关系进行描述。该方法考虑了连续管线、土体的物理性质以及自由
土体位移场形式，并给出了该方法计算所得管线响应的归一化图形。通过与有限元
分析结果的对比，对计算方法进行了评价。

Klar 等（2008）[129]使用弹性理论方法对非线性管线在隧道开挖条件下的响应做
了分析，给出了计算最大弯矩和转动的归一化解，提出了计算管线最大弯矩和接头
转角的简化计算方法。研究表明，由于非连续管线的弯矩往往小于连续管线，这与
非连续管线的接头设置有关。

张坤勇等（2010）[130]得到了弹性地基梁微分方程的解析解，并不指定土体的位
移函数形式，根据沉降槽内是否有土体位移作用将管线分为 3 个区域，然后根据边
界条件及连续性条件得到积分系数，解答的不同之处在于非齐次微分方程的特解。

张治国等（2010）[131]采用位移控制弹性理论方法研究了隧道开挖情况下市政管
线的位移响应规律，该方法可以考虑土体的分层特性，并通过与均质地基算例及分
层地基算例说明了方法的适用性。之后张治国等（2019）[132]还对类矩形盾构隧道开
挖引起邻近地下管线变形进行研究。

Wang 等（2011）[133]针对隧道开挖对管线影响的问题，推导了基于 Winkler 模

型的管线-土体-隧道相互作用方法，该方法考虑了管线相对土体上移和下移时相互作用的区别，并将理论分析结果与有限元结果进行了对比，说明考虑上下方向差异的必要性。

Zhang 和 Huang（2012）[134]在研究隧道开挖对管线的影响时，考虑土层结构因素的影响。基于边界元模型，采用两阶段分析方法对隧道诱发变形作用下地基中既有管线响应进行了分析。首先获得了成层地基隧道开挖过程中的自由土体位移，然后将其施加到既有管线上，以便量化隧道开挖引起的地表移动对成层地基中管线的相互作用效应。通过离心模型试验、现场实测数据和位移控制的有限元分析，验证了该方法的准确性。结果表明，该方法可以较精确地估计多层地基中隧道-土-管道系统的相互作用。

Zhang 等（2012）[135]利用有限差分法分析隧道开挖对埋置在分层土体中连续管线以及有接头管线的影响问题，利用数学 Hankel 变换分析土层分层对管道的影响，采用差分方法编程求解所建位移控制方程，通过算例分析说明了该方法的有效性。

Yu 等（2013）[136]、俞剑等（2012）[137]对 Winkler 推导了地埋管线受位移作用时可以考虑埋置深度的地基模量，埋深较大时的地基模量不随深度趋向无限，而是地表地基模量取值的 2.18 倍。通过弹性理论法、离心试验以及实际工程观测数据说明此模量可以较好地应用于工程实践。

Zhang 等（2012）[135]、张陈蓉等（2013）[138]将管线视为 Euler-Bernoulli 梁，将土体视为 Winkler 弹簧，引入 Yu 等（2013）[136]提出的地基模量，采用两阶段分析方法分析了非连续管线在隧道开挖条件下的响应规律，对管线接头影响做了详细分析。并通过与层状弹性理论解的对比，说明该方法在较厚的非均质地基中适用性较好。胡愈和王作虎（2015）[139]也将地基视为 Winkler 模型进行分析计算，得到了地下管线在地铁开挖条件下的受力和变形。

张桓和张子新（2013）[140]采用两阶段法对盾构隧道开挖对既有管线的变形进行了研究，第一阶段采用 Loganathan 和 Poulos 提出的解析方法得到管线深度处土体的自由沉降，第二阶段采用 Pasternak 弹性地基梁来模拟管线进行计算，得到了较为符合实际的管线变形。魏纲等（2017）[141]也指出了该问题中 Pasternak 地基模型的适用性。

刘晓强等（2014）[142]通过能量变分方法对隧道下穿既埋管线的问题进行了理论

分析，对管线的竖向变形进行求解。该方法对单隧道及双隧道施工条件下的管线竖向位移均有较好的适用性。马少坤等（2017）[143]、唐晓菲（2020）[144]、李志南等（2021）[145]也对双隧道开挖对管线的影响问题做了深入研究。

Klar 和 Marshall（2015）[146]基于连续弹性解对隧道开挖对管线的影响进行了分析，从理论角度说明了土体自由沉降和此情况下管线变形对应的地层损失是一样的，并且若自由土体位移符合高斯曲线，则其对应的管线变形也符合高斯曲线。根据以上两条结论得到了预测管线弯矩的简化计算方法。

Klar 等（2016）[147]用迭代计算确定土体的弹性模量以考虑土体的非线性，将此模量代入弹性理论法中进行计算分析，基于分析结果提出了隧道开挖对管线影响的简化计算方法。Saiyar（2016）[148]也考虑了土体非线性，研究地层错动对不同刚度地埋管线的影响，结果表明合理地考虑管土相互作用的非线性可以得到更为符合实际的结果。

李海丽等（2018）[149]建立了考虑管土作用非线性的 Winkler 地基模型，提出了隧道开挖作用下管线响应的等效线性分析方法，并采用差分方法进行求解。考虑由于隧道开挖引起的自由土体位移场计算管周土体附加应变，基于水平受荷桩的环状弹性介质模型对管土相对变形与土体偏应变的关系进行了分析。

林存刚和黄茂松（2019）[150]基于 Pasternak 地基模型推导了隧道开挖条件下有接头管线的位移控制方程。研究表明，管线竖向位移随地层损失的增加而近似线性增大，接头刚度较大时有接头管线的位移响应接近连续管线；接头数目也会对有接头管线的响应产生明显影响。冯国辉等（2021）[151]认为 Pasternak 地基模型精度有限，采用 Kerr 地基模型对管土相互作用进行了分析。

朱瑾如等（2019）[152]将双弹簧模型引入隧道开挖对既埋管线影响的分析中，采用双曲线模型描述管土相互作用，可以考虑管线相对土体上移或下移时不同的荷载位移关系，相较于弹性模型更接近实际情况，能对管线响应得到更为准确的分析结果。

米宣宇（2021）[153]采用两阶段分析方法，基于 Timoshenko 梁模型研究因新建隧道开挖引起既有管线的变形和内力，所得方法可以对管线因地层非均匀竖向位移而产生的剪切内力进行分析。

程霖等（2021）[154-155]对连续管线和非连续管线进行了系统研究。在隧道开挖条件下，针对连续管线推导了考虑轴力和几何非线性的管线控制方程，可以同时考虑轴向变形及竖向变形，采用最优化方法进行求解；针对非连续管线，将管线用弹性地基梁来模拟，将管线接头分为"自由铰"与"弹簧铰"两类，并采用传递矩阵法进行求解分析位移及内力，对已有弹性地基梁控制微分方程进行改进，基于傅里叶级数法对有接头管线接头相对转角给出了解析解。随后程霖等（2022）[156]还对管土脱开等问题进行了讨论。

5.3.2　有限元分析方法

有限元分析方法也是隧道开挖对管线影响经常使用的手段，可以较为方便地考虑土体的塑性发展特性。按照管线位移荷载的施加方式可以将有限元分析方法分为整体方法和位移控制方法。整体有限元通常对隧道开挖具体过程进行模拟；位移控制有限元方法通常施加管线深度处的土体位移，因此施加位移边界的合理性十分重要。由于有限元分析方法中所采用的土体本构模型及其参数取值对产生的地面变形曲线影响很大（Addenbrooke，1997）[157]，当采用有限元分析方法建模计算时，小应变模型是较为合理的选择。

1）整体有限元方法

吴波和高波（2002）[158]基于 ANSYS 软件平台，对深圳地铁大剧院—科学馆隧道工程进行建模分析，认为在施工工程中管线处于安全状态，但应对管线的陈旧老化情况进行特别考虑。

魏纲等（2004，2009）[159-160]分别对在隧道顶管施工及浅埋暗挖施工条件下既埋管线的响应进行分析。认为顶管施工中注浆和纠偏对管线影响较大，管线会产生明显的纵向位移与水平位移；浅埋暗挖情况下管线响应受路面影响较大。

刘金龙等（2010）[161]基于非线性有限元方法，考察了隧道施工对邻近地下管线的影响。对比计算表明工程施工工作面上方土体产生较大的竖向沉降，而工作面下方的土体由于卸荷作用而产生隆起。

滕延京等（2011）[162]认为在使用有限元软件进行建模时应只采用一个断面进行计算分析所得结果并不可靠，需要对多个断面进行分析才能得到较为准确的结果。

在对参数进行选取时，应在根据勘察报告的基础上考虑多个断面情况进行选取，使得计算结果有良好的适用性。

王霆等（2011）[163]采用有限元软件建立模型，对隧道开挖施工过程分 4 个过程进行模拟，在前 3 个过程计算得到的地面竖向位移均与实测值十分接近，并且发现在隧道导洞施工进行时隧道应变出现最大值。

高永涛等（2013）[164]考虑邻近地铁通车荷载影响，对隧道开挖引起的地表沉降进行了有限元分析。研究表明，考虑邻近通车情况时地表沉降会明显增大，沉降槽形状也会增宽变深，隧道埋深也与新建隧道的位移及沉降槽宽度有关。

徐鸣阳等（2017）[165]采用 ABAQUS 作为分析平台，研究地埋管线在车站施工时的响应。研究结果表明，隧道衬砌的存在可显著减小管线的竖向变形，管线埋深以及与隧道轴线的距离也是影响管线变形的重要因素。

胡愈等（2019）[166]、冷远等（2019）[167]基于 Midas GTS NT 模拟隧道开挖过程，研究隧道上方管线的响应情况，臧晓光等（2012）[168]也曾基于 Midas GTS 平台进行了类似研究。

2）位移控制有限元方法

Klar 等（2008）[169]认为将管线看作 Euler-Bernoulli 梁不能体现梁的三维结构特性，不能适用于所有情况。使用 FLAC 软件中 beam 单元和 shell 单元模型模拟管线，控制其他因素相同进行计算来比较管线二维与三维模型的区别。结果表明，当管土相对刚度较小时，将管线采用 beam 单元模拟的结果与将其视为 shell 单元的计算结果有显著差异，当管土相对刚度较大时，二者计算响应较为接近。典型的混凝土和钢管可以很好地表示为 Euler-Bernoulli 梁，而聚乙烯管可能需要用 shell 单元表示以获得更准确的预测。向卫国和徐玉胜（2014）[170]采用 FLAC 软件中三维壳体单元模拟管线实际薄壁结构，采用位移加载方式将土体移动作用于管线，将计算结果与梁结构弹性连续解法进行对比，说明将刚度较低的管线用壳体模拟的准确性。梅佐云等（2014）[171]、马林（2015）[172]、卜旭东（2021）[173]、陈志敏等（2021）[174]、魏畅毅等（2016）[175]也采用 FLAC 软件对隧道开挖情况下土体的响应进行了研究。

Wang 等（2011）[176]采用 ABAQUS 软件中的 PSI 单元对管土相互作用进行模

拟，直接输入土体位移来研究隧道开挖对管线的影响，并对参数进行系统分析，得到了计算管线响应的简化计算流程。

Shi 等（2013）[177]利用有限元程序对有接头的地埋管线响应进行了模拟，但接头简化为铰接情况。通过对 760 组工程情况进行计算，得到了管线应变的简化计算方法，该方法考虑了管线几何尺寸、材料性质、土体性质等因素。

李超等（2016）[178]使用 ABAQUS 软件对管土相互作用进行建模分析，比较了不同单元类型对地埋管线的模拟效果。研究表明，将管线采用实体单元与壳单元的计算结果相近，而使用梁单元的模拟结果在管土相对刚度较小的情况下与前两者有显著区别。

Wham 和 O'rourke（2016）[179]采用有限元方法模拟了采用承插式接头直径为 160mm 的球墨铸铁管在地层大变形下的响应，将有限元分析结果用于研究与接头泄漏相关的变形。Wham 等（2016）[180]采用有限元方法系统分析了接头连接而成的生铁管及球墨铸铁管在隧道开挖情况下的响应，并对管隧垂直相交及 T 形接头情况做了详细讨论。

史江伟和陈丽（2017）[181]采用 ABAQUS 商业软件对隧道-土-管线、管线置换-土-管线间的相互作用进行模拟，并得到了计算管线弯矩的归一化评估图形。研究表明，土体刚度对管土相互作用形成的管线弯曲曲率有显著影响，所得设计图形对砂土中的管线响应问题具有较好的适用性。

5.3.3 试验模拟方法

模型试验及离心试验在研究中被广泛采用。学者设计了多种 1g 模型试验及离心试验对隧道开挖及管线的影响进行研究。

1）1g 模型试验

Singhal 等（1984）[182]采用模型试验针对球磨铸铁管的承插式接头做了详细研究，考虑了其中橡胶垫圈弹性模量、接头直径、插入尺寸等因素对接头性能的影响，结合管线在地层中的埋深影响，给出了弯矩、轴力、扭矩作用下接头的刚度计算公式。

王正兴等（2013）[183]通过自主设计的底部可移动沉降条模型箱进行 3 组模型试

验，通过调整沉降条位置模拟隧道施工过程中不同地层损失量，研究土体与管线随深度变化的沉降规律。周敏等（2016）采用相同模型试验模型箱研究了 HDPE 管线在粗砂地层中沉陷发展过程中的受力及变形等情况，认为管道顶部及上方土压力会随土体沉降的进行而增大，管线的埋深以及抗弯刚度对管线竖向变形的区域有显著影响。

卢恺（2015）[184]采用可注水的圆筒形液囊模拟隧道开挖过程中产生的非均匀收缩，通过控制液囊的排水量换算得到地层损失率，研究了 6 种不同的地层损失条件下管线位置处土体位移以及连续与非连续接头管线的响应规律，并得到管周土体刚度随地层损失发展的变化规律。朱治齐等（2016）[185]采用相同的非连续接头管线模型研究了工程荷载对地埋管线的影响规律。

朱叶艇等（2016）[186]使用自主开发的半自动盾构掘进装置进行模型试验，研究盾构隧道开挖对上方垂直于隧道轴线的地下管线的影响，并对管线的变形规律做了详细讨论。

黄晓康等（2017）[187]采用自制旋转刀片模拟盾构开挖，对隧道上方管线的沉降、变形和相对转角等规律进行模拟试验研究。对土体二次扰动对管线位移影响和管线响应规律做了系统分析。

李海丽（2019）[188]采用自行研发的机械式地层损失模拟装置对隧道开挖对管线影响的问题进行了研究，如图 5.11 所示。机械装置由内核及外侧楔形环片构成，通过移动内核的距离可以精确控制地层损失，达到模拟隧道开挖的效果。试验获取了地层损失及管线沉降的关系，并采用 PIVlab 软件获取管线周边土体位移场的信息，总结试验结果得出剪应变与土体模量的关系。

魏纲等（2019）[189]针对类矩形隧道开挖引起的管道响应进行了模型试验研究，试验管线包含正常管线、非连续管线、非连续破损管线 3 种情况。研究表明，在隧道开挖范围内非连续管线的竖向位移小于连续管线，非连续管线破损情况较小时与未破损时相比管线沉降情况较为接近。

李豪杰等（2020）[190]基于分布式光纤感测技术提出土-管系统耦合变形技术，通过模型试验对此项技术的适用性进行了研究，试验装置如图 5.12 所示。研究表明，运用管线技术可以很好地获取管线应变信息，管线在隧道开挖时管线中部环向变形会出现最大值，土拱现象的存在会对管线有显著影响。

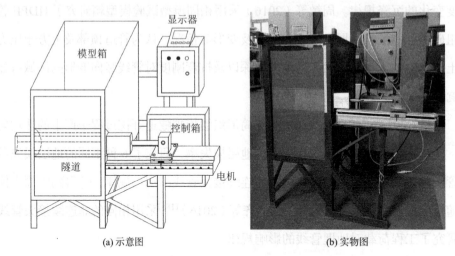

(a) 示意图　　　　　　　　　　(b) 实物图

图 5.11　模型试验装置（李海丽，2019）[188]

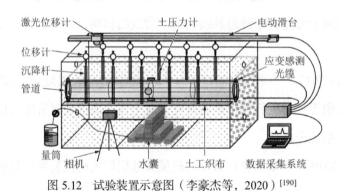

图 5.12　试验装置示意图（李豪杰等，2020）[190]

汪维东等（2021）[191]针对管线渗漏的问题采用模型试验手段进行研究。研究结果表明，砂土产生的位移及所受应力受管线渗漏影响明显，管线竖向位移以及隧道管片所受应力也会在管线渗漏情况时显著增大。

2）离心模型试验

周小文和濮家骝（2002）[192]通过离心模型试验对地层竖向变形和施工过程中隧道支护压力间的关系进行了研究，认为地表沉降槽宽度受隧道埋深、隧道半径以及土体含水率等因素影响较大，通过对隧道埋深的归一化分析，得到了支护压力与地层竖向沉降之间的关系。

Vorster 等（2005）[193]进行多组离心试验，研究既有管线在隧道开挖时的响应，讨论管土相互作用的影响因素和潜在机制，研究表明，隧道开挖对管线的影响因素可以分为整体因素和局部因素两部分。整体因素是隧道开挖引起的自由土体位移，局部因素包括间隙形成、稳定性降低、负向下拉破坏和轴向管土相互作用，如图 5.13 所示。

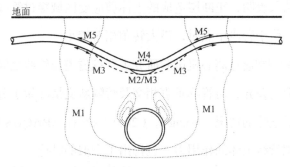

其中：M1~M5表示为5种机制。

图 5.13　管土相互作用区域划分（Vorster 等，2005）[193]

Marshall 等（2010）[194]进行了一系列离心模型试验（图 5.14），采用 3 种不同截面刚度的管线进行研究，在试验时进行拍照，使用 PIV 技术进行分析以获得土体剪应变等信息。采用假设管线完全按照沉降土体变形方法、弹性连续法和考虑平面外应变的弹性连续方法进行分析，认为加入平面外土体应变影响的弹性连续方法效果最好。

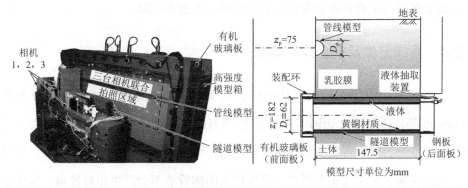

图 5.14　离心模型装置及示意图（Marshall 等，2010）[194]

马险峰等（2012）[195]在离心机不停机状态下通过排液法来模拟隧道的开挖卸载和地层损失，分析了隧道在不同的注浆率下的位移、孔压和应力等变化规律。试验结果表明，当新建隧道近距离穿越既有下方隧道时，新建工程会导致既有隧道的隆起，注浆量增大可以使隆起减小，但会导致既有隧道沉降增加。

张伦政（2014）[196]使用离心机试验对管土相互作用进行研究，用铜管模拟隧道，内含橡胶制作的水囊，用放水模拟地层损失，测定了隧道开挖条件下管线沉降及内力等信息，并将试验结果与理论分析进行对比。

Saiyar 等（2015）[197]采用离心试验对有接头管线在土体产生断层条件下的响应做了研究，研究结果表明，正断层造成的土体剪应变区域穿过管线接头时，管线最大转角相对较大，位于管段中点时，最大转角相对较小。

Shi 等（2016）[198]通过离心机试验研究了开挖隧道与管线之间呈不同交叉角度的情况下管线变形的差异，对管隧垂直相交及管隧斜交情况做了分析，认为管隧斜交时有可能成为最危险的情况。Wang 等（2011）[199]在 ABAQUS 中采用 PSI 单元，用弹塑性模型模拟管线土体间作用力，也得出了类似的结论。

邵羽（2017）[200]针对双隧道施工对既有管线的扰动情况进行分析，开展了 4 组离心试验进行模拟研究。试验隧道模型由内膜、外膜和铝管组成，试验前在内膜及外膜中注入 $ZnCl_2$ 液体，于试验过程中释放以模拟隧道开挖，两隧道平行布置，分6 段进行开挖，隧道两端封闭，并将试验结果与有限元分析进行对比。马少坤等（2018）[201]基于相同试验开展研究，认为地表竖向位移、管线沉降受双隧道不同开挖顺序及布置方式的扰动较为明显；由于管线的存在会产生"遮拦"效应，管线正上方地表沉降的影响程度会明显小于自由场最大地表沉降。

5.3.4　管线分类及安全评价标准

管线通常由管段和接头连接而成，接头构造形式繁多，大体可以分为两类（Attewell 等，1986[123]；田国伟和冯运玲，2012[202]），一类是刚性接头，这类接头不容易弯曲变形，管线弯矩图形在接头处光滑连续，如焊接接头、扣接接头、熔接接头、法兰接头、螺纹接头等形式，刚性接头两侧管节不会产生相对转角，采用刚性接头的管线变形类似连续管线；另一类是柔性接头，比如橡胶垫圈承插式接头、压盖式承插连接接头以及柔性机械式橡胶圈接头等形式，柔性接头两侧管线会产生较为明显的相对转角变形。图 6.1（b）中对隧道开挖条件下刚性接头管线和柔性接头管线变形的不同做了说明。

隧道开挖引起的地层沉降是造成管线破坏的重要原因，为保证已有管线的安全运营，对不同性质的管线应选取合适的安全评价标准。对于接头抗弯刚度相对较高的情况，将其视为连续管线，其安全评估标准通常选取管线应变（Attewell 等，

1986[123]；李兴高和王霆，2008[203]），有时也选取管线沉降最大值作为参考（王雨和王凯旋，2021）[204]；对于接头抗弯刚度相对较低的情况，接头位置可以承担管线轴向变形带来的水平位移，接头转角过大产生的泄漏等问题较为重要，一般选取接头相对转角作为安全评估标准（Attewell 等，1986[123]；李兴高和王霆，2008[205]）。例如，在上海市《基坑工程技术标准》DG/TJ 08—61—2018 和广州市《广州地区建筑基坑支护技术规定》GJB 02—98 都根据管线接头形式等情况对附加转角给出了具体的建议值。

5.4　管土相互作用特性

5.4.1　管线相对土体向上运动

Trautmann 等（1985）[206]对砂土中管线抗拔问题采用模型试验手段开展研究，模拟平面应变状态下管线在砂土中被拔出的情况，研究了管土相互作用力与土的密度、管线轴线埋深、管线直径等因素的关系，得出管线上移时的极限承载力及所需位移的具体表达式，并结合实例给出了适用于实际工程的简化计算方法。Dickin（1994）[207]对上拔管道土体破坏机制进行了研究。White 等（2001）[208]提出砂土中上拔管道的极限抗拔力等于破裂面内土体自重与破裂面上剪应力与正应力竖向分力之和。Byrne 等（2013）[209]研究了饱和松砂中地埋管线的抗拔承载力特性，探究了拔出速率等因素的影响。随着粒子图像测速方法（PIV）的成熟和应用（White，2003[210]），Cheuk（2008）[211]等采用此项技术定量化地研究了管线相对土体向上运动时的土体位移变化情况，研究表明破坏可分为三个阶段，即管土相互作用力的发展和峰值形成阶段，峰后应力软化阶段和绕流机制引起波动阶段。Huang 等（2015）[212]、Ansari 等（2018，2021）[213-214]、Wu 等（2020）[215]学者也采用 PIV 方法进行了研究。除试验方法之外，有限元也是研究该问题的常用方法（Yimsiri 等，2004[216]；Jung 等，2013[217]）。但大部分数值计算模型中土体采用 Molu-Coulomb 本构模型，由于该模型中土体内摩擦角和膨胀角等均为恒定值，对存在软化现象荷载位移曲线模拟能力有限，也不能考虑内摩擦角等参数随应力变化而改变的情况。

5.4.2 管线相对土体水平及斜向运动

对管线相对土体水平运动时，Trautmann 和 O'rourke（1985）[218]通过模型试验模拟了平面应变状态下管线相对土体侧向移动的情况，研究了荷载位移曲线整体规律，并研究了管线直径、管线埋深以及土体密实度等参数的影响规律。Hsu（1996）[219]研究了试验加载速率对荷载位移曲线及极限承载力的影响，结果表明，水平方向极限承载力与加载速率呈幂函数递增关系。其他学者也对此问题做了研究（Yimsiri 等，2004[216]；Bruton 等，2006[220]；Martin 等，2013[221]；Kouretzis 等，2013[222]；Chaloulos 等，2015[223]；Roy 等，2016[224]）。

斜向受荷的研究相对较少，Hsu（1996）[219]对松砂中斜向运动的管线进行了试验研究，采用了不同直径及不同埋深比的管线，结果表明在 0°~45°范围内管土相互作用力随倾斜角逐渐增加。在后续的研究中，Hsu 等（2001，2006）[225-226]分别给出了松砂及密砂中不同方向上的极限平衡解。Jung 等（2016）[227]采用有限元方法，对竖直、侧向、斜向的管土相互作用做了系统分析。Morshed 等（2018）[228]采用有限元方法对密砂中的管土相互作用力进行了研究，建立了极限承载力的包络线模型。Kong 等（2020）[229]基于极限分析有限元手段，对管线与土体的相对运动方向与水下斜面中管线受力的关系做了分析。岳红亚（2020）[230]也对不同方向上的管土相互作用进行了详细的试验研究。

5.5　研究目的与内容

既有的管线理论解析方法弹性模量大多选取 Vesic 模量，选取不够准确，不能直接应用管线所受的土体位移进行分析，不能考虑管线埋深对土体弹性模量的影响。常用的管线模型要么将管线视为连续管线进行计算，要么只能对特殊位置的接头进行计算分析，对管线接头位置的影响考虑不够全面。所得理论方法往往要进行编程计算，没有形成便于工程应用的简化评估方法。现有的试验往往研究单一方向的管土相互作用性质，关于不同运动方向对管土相互作用机理的试验研究比较缺乏，也未形成关于运动方向的管线极限承载力公式。现有研究往往将管土相互作用视为弹性，对管土相互作用的双曲线性质研究较少，也并未对双曲线方法的结果进行进一步的参数分析。在管隧斜交时，现有研究只重视土体竖向运动对管线的影响，而未对水平运动影响加以分析，导致计算结果不够准确。

本书主要介绍了与本课题相关的国内外研究现状，主要包括隧道开挖引起的地层损失、地层纵向位移、地层水平位移的描述方法，评价连续管线及非连续管线是否安全运行的常用标准，隧道开挖对地埋管线影响的理论分析、有限元分析以及试验方法。在此基础之上，提出了隧道开挖对地埋非连续管线影响的线弹性简化评估方法。该方法将地埋管线简化为 Euler-Bernoulli 梁，采用改进的 Winkler 地基模型，可以考虑接头位置参数的影响。对此方法进行系统地参数分析，讨论归一化管土刚度等因素对管线的影响规律；基于参数分析结果，结合非连续管线接头与连续管线对应位置弯矩的比值关系，建立了可以考虑多种参数影响的简化评估方法。

第 6 章

非连续地埋管线的线性
简化评估方法

第 6 章

非稳态地层里管道的故障
简化评估方法

结构与土体相互作用研究

　　城市地埋管线承担着城市给水排水、热力供应、交通通信等重要的市政功能，并大量分布于地下空间，为城市正常运行发挥着不可替代的作用。隧道施工会对邻近土体产生扰动，土体位移又进一步引起邻近地埋管线的附加受力和变形，接头发生转动，甚至引发管线的破坏事故。因此，对隧道开挖对管线的影响进行预评估分析，可以为地埋管线的安全运行提供保障。

　　目前研究中大多将管线假设为常截面刚度的连续地基梁。事实上，接头管线由管段和接头构成，其截面刚度并非连续。为数不多的接头管线研究中（Klar 等，2008[129]；Zhang 等，2012[135]；张陈蓉等，2013[138]；Shi 等，2013[177]），大多采用了复杂的数值计算，且没有考虑接头位置及接头刚度对管线响应的影响。另外，现有设计图表（Klar 等，2008）[169]所包含的工程状况十分有限，无法用于指导工程实践。因此，为正确评估地埋管线的安全状况，合理地考虑管线接头的力学性质及位置因素，提出一种适用范围广、应用方便的简化评估方法，对评估管线的运行情况具有重要的意义。

　　本书将地埋管线简化为 Euler-Bernoulli 梁，采用线弹性的管土相互作用分析隧道开挖对地埋管线的影响。将此方法与 Klar 等（2008）[169]、现场试验和离心试验的结果作对比，说明了理论计算方法的合理性。基于改进的 Winkler 地基模型，进行参数分析，讨论管土相对刚度、接头相对刚度、管节相对长度等参数对管线响应的影响规律；基于参数分析结果，结合非连续管线接头与连续管线对应位置弯矩的比值关系，建立可考虑多种参数对管线影响的简化评估方法；通过对现场试验及离心试验结果的计算对比，说明简化评估方法的适用性。

6.1　隧道开挖对非连续管线影响的 Winkler 分析方法

6.1.1　非连续地埋管线二阶微分方程的差分求解

　　隧道开挖引起邻近地埋管线的附加受力和变形如图 6.1 所示，将非连续地埋管线视作 Euler-Bernoulli 梁，地基采用 Winkler 地基模型，假设地埋管线与土体总是紧

密接触，即不考虑管土脱离，建立管隧垂直相交时被动位移作用下非连续管线的二阶挠曲微分方程

$$EI\frac{\mathrm{d}^2w(x)}{\mathrm{d}x^2} + M = 0 \tag{6.1}$$

式中：EI 为管线抗弯刚度；$w(x)$ 为管线位移；M 为管线截面弯矩。

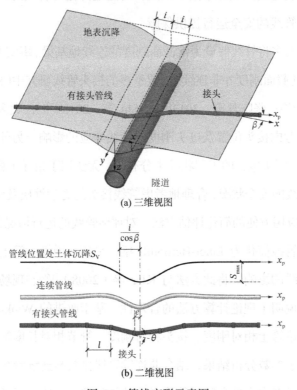

图 6.1　管线变形示意图

为便于编程计算，张陈蓉等（2013）采用有限差分法对方程进行数值求解，管线离散如图 6.2 所示。

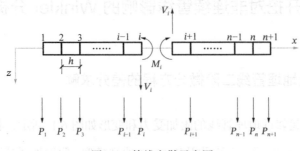

图 6.2　管线离散示意图

将管线沿长度方向离散为 n 等份，每节长度为 h。节点标号为 $1 \sim n+1$，在第 i 个节点切开，M_i 为 i 点所受弯矩，V_i 为 i 点所受剪力，P_i 为 i 点所受土体压力。受力分析如图 6.2 所示，受力方向以图中所示为正。根据左侧管线的静力平衡条件得到：

$$M_i = [(i-1)hP_1 + (i-2)hP_2 + \cdots + hP_{i-1}] = -h\sum_{j=1}^{i-1}(i-j)P_j \tag{6.2}$$

上述方程仅适合处于管段位置处的计算节点，对于处于接头处的计算节点，需考虑接头特性，另立方程。

非铰接的管线接头可承受一定程度的弯矩，其力学性质表现为接头两端的转角变化不连续，位移变化连续，弯矩变化也连续。管线接头的长度尺寸远远小于管段的长度，故不专门设置接头的计算单元，仍使用图 6.2 所示的计算节点表示。假设管线接头所处区域点位于计算节点 i，则其弯矩与偏转角的表达式为：

$$k_{ji}(\theta_{i1} - \theta_{i2}) = M_{ji} \tag{6.3}$$

式中：k_{ji} 为管线接头的转动刚度；M_{ji} 为管线接头所受弯矩；θ_{i1} 和 θ_{i2} 为接头两侧的转角，如图 6.3 所示。

需要注意的是，此处接头偏转角 $(\theta_{i1} + \theta_{i2})$ 指的是 i 点及 $i+1$ 点连线相对于 $i-1$ 点及 i 点连线转动的角度，而在 Winkler 地基模型中利用 $\theta_i = \dfrac{\mathrm{d}w}{\mathrm{d}x}$ 得到的截面转角是 i 点切线与梁轴线所在水平线的夹角，在计算中两者均以顺时针方向为正。

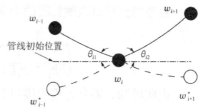

图 6.3　非连续接头示意图

因管线接头刚度与线段相比差异很大，接头处转角会发生突变，位移连续但不可导，在此通过增加虚拟差分节点的方式来满足差分条件。如图 6.3 所示，接口节点位移为 w_i，左右节点位移分别为 w_{i-1} 和 w_{i+1}，各增加两个虚拟节点以满足接口节点左右段的位移可导条件，虚拟位移分别为 w_{i-1}^* 和 w_{i+1}^*，从而得到两转角的大小为：

$$\theta_{i1} = \left.\frac{\mathrm{d}w_{i1}}{\mathrm{d}x}\right|_{x=x_0} = \frac{w_{i+1}^* - w_{i-1}}{2h} \tag{6.4}$$

$$\theta_{i2} = \left.\frac{\mathrm{d}w_{i2}}{\mathrm{d}x}\right|_{x=x_0} = \frac{w_{i+1} - w_{i-1}^*}{2h} \tag{6.5}$$

接口力学特性特征方程：

$$M_{i1} = -E_{i1}I_{i1}\frac{d^2w_{i1}}{dx^2} = -E_{i1}I_{i1}\frac{w_{i-1}^* - 2w_i + w_{i+1}}{h^2} \tag{6.6}$$

$$M_{i2} = -E_{i2}I_{i2}\frac{d^2w_{i2}}{dx^2} = -E_{i2}I_{i2}\frac{w_{i-1} - 2w_i + w_{i+1}^*}{h^2} \tag{6.7}$$

将式(6.4)及式(6.5)代入式(6.3)中，得：

$$k_{ji}(-w_{i-1} - w_{i+1} + w_{i-1}^* + w_{i+1}^*) = 2h \cdot M \tag{6.8}$$

替换虚拟节点位移 w_{i-1}^*、w_{i+1}^*，由式(6.6)及式(6.7)分别可得：

$$w_{i-1}^* = -\frac{M_{i1} \cdot h^2}{EI} + 2w_i - w_{i+1} \tag{6.9}$$

$$w_{i+1}^* = -\frac{M_{i2} \cdot h^2}{EI} + 2w_i - w_{i-1} \tag{6.10}$$

由弯矩连续的条件 $M_{i1} = M_{i2} = M_i$，并将式(6.9)、式(6.10)代入式(6.8)中，整理得：

$$\frac{1}{\left(\dfrac{1}{hk_{ji}} + \dfrac{1}{2E_{i1}I_{i1}} + \dfrac{1}{2E_{i2}I_{i2}}\right)}\frac{w_{i-1} - 2w_i + w_{i+1}}{h^2} + M_{ji} = 0 \tag{6.11}$$

式(6.11)即为考虑非连续管线接头力学特性的节点差分格式表达式。

若考虑到接口两侧管段的力学特性通常相同，则式(6.11)退化为：

$$\frac{1}{\left(\dfrac{1}{hk_{ji}} + \dfrac{1}{E_iI_i}\right)}\frac{w_{i-1} - 2w_i + w_{i+1}}{h^2} + M_{ji} = 0 \tag{6.12}$$

由此可知，差分方程中接口节点处的转动刚度系数与接口自身的转动刚度以及接口所连接的两段管段的截面刚度均有关系，具体为：

（1）当转角刚度 $k_{ji} \to \infty$ 时，接口为刚性连接，对应管线进化为连续管线，差分格式为：

$$E_iI_i\frac{w_{i-1} - 2w_i + w_{i+1}}{h^2} + M_i = 0 \tag{6.13}$$

（2）当 $k_{ji} \to 0$ 时，接口没有转动刚度，无法承受弯矩，退化为铰接形式，即 $M_i = 0$。

$$\frac{1}{\left(\dfrac{1}{hk_{ji}} + \dfrac{1}{2E_{i1}I_{i1}} + \dfrac{1}{2E_{i2}I_{i2}}\right)}\frac{w_{i-1} - 2w_i + w_{i+1}}{h^2} + M_{ji} = 0 \tag{6.14}$$

将式(6.2)代入式(6.11)，得到一般地埋管线微分方程标准点 i 的差分格式为：

$$\frac{1}{\left(\dfrac{1}{hk_{ji}} + \dfrac{1}{2E_{i1}I_{i1}} + \dfrac{1}{2E_{i2}I_{i2}}\right)} \frac{w_{i-1} - 2w_i + w_{i+1}}{h^2} - h \sum_{j=1}^{i-1} (i-j)P_j = 0 \tag{6.15}$$

离散管线具有 $n+1$ 个节点，需要 $n+1$ 个方程进行求解，利用式(6.15)在 $i = 2 \sim n$ 时可建立 $n-1$ 个方程，再根据静力平衡条件补足所需的两个边界节点的差分方程。因管线长度远大于其截面尺寸，可认为管线的两端为自由边界条件，即所受弯矩和剪力均为 0。由静力平衡条件可知，管线所受土体抗力之和为 0，管线所受土体对第 $n+1$ 节点力矩为 0，即：

$$\sum_{j=1}^{n+1} P_j = 0 \tag{6.16}$$

$$h \sum_{j=1}^{n} (n+1-j)P_j = 0 \tag{6.17}$$

联立式(6.15)、式(6.16)、式(6.17)，得到有接头管线的平衡方程：

$$[K_{\mathrm{p}}]\{w\} - [H]\{P\} = 0 \tag{6.18}$$

式中：$[K_{\mathrm{p}}]$ 为管线刚度矩阵；$\{w\}$ 为 $n+1$ 阶管线位移列向量；$[H]$ 为影响系数矩阵；$\{P\}$ 为管线所受土体抗力列向量。

$$[K_{\mathrm{p}}] = \begin{bmatrix} k_{\mathrm{p2}} & -2k_{\mathrm{p2}} & k_{\mathrm{p2}} & & & \\ \cdots & \cdots & \cdots & & & \\ & k_{\mathrm{p}i} & -2k_{\mathrm{p}i} & k_{\mathrm{p}i} & & \\ & & \cdots & \cdots & \cdots & \\ & & & k_{\mathrm{p}n} & -2k_{\mathrm{p}n} & k_{\mathrm{p}n} \end{bmatrix}_{(n+1)\times(n+1)}$$

$$[H] = h^3 \begin{bmatrix} 1 & & & & \\ 2 & 1 & & & \\ \cdots & \cdots & \cdots & & \\ n-1 & & \cdots & 1 & \\ \dfrac{n}{h^2} & \dfrac{n-1}{h^2} & \cdots & \dfrac{2}{h^2} & \dfrac{1}{h^2} \\ \dfrac{1}{h^3} & \dfrac{1}{h^3} & \cdots & \cdots & \dfrac{1}{h^3} & \dfrac{1}{h^3} \end{bmatrix}_{(n+1)\times(n+1)}$$

管线刚度矩阵 $[K_{\mathrm{p}}]$ 由元素 $k_{\mathrm{p}i}$ 组合构建而成，当 i 为非连续管线接口节点时，$k_{\mathrm{p}i} = \left(\dfrac{1}{hk_{jsi}} + \dfrac{1}{EI}\right)^{-1}$，其余情况 $k_{\mathrm{p}i} = E_i I_i$。

在管线自身平衡方程中,$\{w\}$ 及 $\{P\}$ 均为未知量,需引入其余相关条件进行求解。假定管土之间保持接触,即在土体位移较小时管土之间不脱开。于是,得到管土变形协调条件:

$$\{w\} = \{S_v\} + [\lambda_s]\{f\} \tag{6.19}$$

式中:$\{S_v\}$ 表示管线所在处的竖向自由土体位移,方向以向下为正,为 $n+1$ 阶列向量;$[\lambda_s]$ 是土体位移影响矩阵,其中元素 $\lambda_{s,ij}$ 代表在节点 j 作用单位荷载引起节点 i 的竖向位移,是 $n+1$ 阶方阵,$\lambda_{s,ij}$ 的计算方法与所选择的地基模型有关,在后文中介绍;$\{f\}$ 为 $n+1$ 阶列向量,表示管线对土体的作用力,方向以向下为正。$\{f\}$ 与 $\{P\}$ 为相互作用力,均以向下为正方向,大小相等方向相反,即:

$$\{f\} = -\{P\} \tag{6.20}$$

将式(6.18)、式(6.19)、式(6.20)联立,得到:

$$([K_P] + [H][\lambda_s]^{-1})\{w\} = [K_s]\{S_v\} \tag{6.21}$$

令土体刚度矩阵 $[K_s] = [H][\lambda_s]^{-1}$,得到管线受隧道开挖引起的位移控制方程:

$$([K_P] + [K_s])\{w\} = [K_s]\{S_v\} \tag{6.22}$$

Winkler 地基模型概念明确计算简单,为广大工程师所接受。因此,选择一个可靠而实用的地基模量 k 十分重要。因地基模量表达的是相互作用的概念,所以并不仅仅与土体的特性有关,还与弹性地基梁的形式有关。Yu 等(2013)已经给出了土体位移作用下连续地埋管线的地基模量计算公式,张陈蓉等(2013)进一步验证了公式对于非连续管线的适用性。

采用 Winkler 地基弹簧模型来模拟管线与土体的相互作用,其本质上是将土体弹性连续体的特性用一系列独立的弹簧来表达。因此,$[\lambda_s]$ 从满阵退化为对角阵,仅含主元:$\lambda_{s,ii} = 1/kh$,此时 $[\lambda_s]^{-1}$ 的矩阵形式为:

$$[\lambda_s]^{-1} = \begin{bmatrix} kh & & & & & \\ & kh & & & & \\ & & kh & & & \\ & & & kh & & \\ & & & & kh & \\ & & & & & kh \end{bmatrix}_{(n+1)\times(n+1)}$$

Vesic(1961)在 Biot(1937)弹性理论分析基础上进行了进一步分析,提出了适合外荷载作用在位于弹性半空间表面的地基梁的地基模量公式。Attewell 等(1986)指出 Vesic 地基模量针对地基梁置于地表受外力荷载的情况，与隧道开挖对连续管线响应分析中地埋管线埋置于土体中受土体位移作用的情况不符合，使得计算结果显著偏小，建议将 Vesic 模量扩大两倍甚至更大。Yu 等（2013）针对该问题基于半弹性空间模型开展了理论分析，得到了在土体位移作用下连续地埋管线地基模量计算公式为：

$$k_z = \frac{3.08}{\delta} \frac{E_s}{1 - \nu_s^2} \sqrt[8]{\frac{E_s D^4}{EI}} \tag{6.23}$$

$$\delta = \begin{cases} 2.18 & z/D \leqslant 0.5 \\ 1 + \dfrac{1}{1.7 z/D} & z/D > 0.5 \end{cases} \tag{6.24}$$

式中：E_s 和 ν_s 分别为土体弹性模量和泊松比；D 为管线直径；z 为管线埋深。

该式表明：对于埋置深度趋向无限时，地基模量是地表时的 2.18 倍，证明了 Attewell 等（1986）土体作用下地基模量取值需比 Vesic 地基模量大两倍甚至更多结论的正确性。

本书在现有研究基础上，考虑接头偏移距离这一影响因素，引入接头偏心距 e，如图 6.1（b）所示，得到接头处于任意位置处的非连续管线位移控制方程，管线接头位置发生变化，刚度矩阵中 $[K_p]$ 的元素也会随之发生对应的调整，可计算接头处于任意位置时的管线响应。

具体计算方法为：在确定计算点 i 处的刚度 K_{pi} 时，若管线接头距离隧道中心线的距离为 e，则对应计算单元数目为 eratio $= e/h$，设每段管节长度为 l，单元数为 nel，管线的总计算点数为 $n + 1$。则从第 $1 +$ eratio 个计算点开始，每隔 nel 个点，将其设为 $K_{pi} = \left(\dfrac{1}{hk_{ji}} + \dfrac{1}{E_i I_i} \right)^{-1}$，代表管线接头计算节点；其余设为 $k_{pi} = E_i I_i$，代表管节计算节点。当 $e/l = 0$ 时，对应管线接头在隧道轴线上方情况；当 $e/l = 0.5$ 时，对应管段中心在隧道轴线上方情况。e/l 可从 0 连续变化到 0.5，代表了接头所有可能所处的位置。

另外，本书采用 Vorster 等（2005）提出的修正 Gaussian 曲线来描述隧道开挖引起的土体竖向位移，Vorster 认为相较于 Peck（1969）提出的高斯公式，式(6.25)可以更好地适应隧道开挖引起的地层变形，如下所示：

$$\begin{cases} S_v(x) = \dfrac{\eta}{\eta - 1 + \exp\left[\alpha \left(\dfrac{x}{i} \right)^2 \right]} S_{\max} \\ \eta = e^{\alpha} \dfrac{2\alpha - 1}{2\alpha + 1} + 1 \end{cases} \tag{6.25}$$

式中：S_{max} 为土体最大位移；i 为隧道中心线与沉降曲线反弯点的距离；α 为沉降曲线的形状参数，当 α 值取 0.5 时，式(6.25)退化为标准 Gaussian 曲线。

将式(6.23)~式(6.25)代入式(6.22)中，并令 k 取为 k_z 可得到有接头管线的位移控制方程，进而还可得出接头位移、弯矩、转角等信息。本书利用控制方程得到接头位置及刚度对地埋管线的影响，并在此基础上得到非连续管线的简化评估方法。

6.1.2 管线接头位置及接头刚度参数分析

接头转角的大小与接头的位置有关。张陈蓉等（2013）计算了 $l/i = 1$ 接头位于隧道正上方时管线因隧道开挖产生的弯矩和变形。本书采用相同算例，讨论接头位置及接头刚度对管线的影响，并探究有接头管线与连续管线的联系。

如图 6.1 所示，最靠近隧道中心线的接头与隧道中心的距离定为偏心距离 e，管段长度为 L，i 为沉降曲线的拐点参数。z 为管线中心埋深，r_0 为地埋管线的截面半径，管土相对刚度 $R = \dfrac{EI}{E_s r_0^4} \cdot \left(\dfrac{r_0}{i}\right)^3$，接头相对刚度 $T = \dfrac{k_j}{EI/i}$。泊松比均取为 0.25，埋深比 $z/r_0 = 7$，沉降曲线形状参数 α 取为 0.5，$R = 10$，$l/i = 1$，当偏心比 e/l 分别取为 0、0.1、0.2、0.3、0.4、0.5 时，归一化位移及弯矩的情况如图 6.4 及图 6.5 所示。

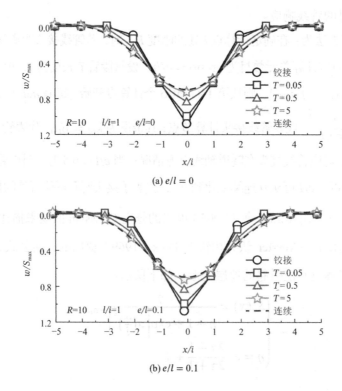

(a) $e/l = 0$

(b) $e/l = 0.1$

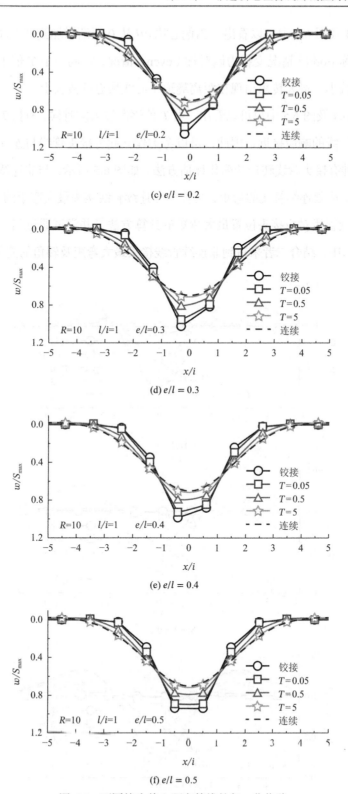

(c) $e/l = 0.2$

(d) $e/l = 0.3$

(e) $e/l = 0.4$

(f) $e/l = 0.5$

图 6.4　不同接头偏心距离管线的归一化位移

从图 6.4 及图 6.5 中可以看出，当偏心比 e/l 从 0 逐渐增加到 0.5 时，管线响应逐渐由奇对称（odd）情况变化为偶对称（even）情况，在同一个 T 值下，管线的最大转角逐渐减小，最大转角出现在距离隧道中心线最近的接头上。

通过图 6.4 及图 6.5 中也可以看出，当 T 值逐渐增大的时候，有接头管线的响应逐渐和连续管线的响应接近，因此，可以考虑建立起有接头管线与连续管线间的关系，提供一种有接头管线转角的简化评估方法。如图 6.5 所示，与非连续管线接头最大弯矩位置对应处连续管线的弯矩，可作为非连续管线接头最大弯矩的参考。因此，本书给出连续管线对应接头位置最大弯矩的计算方法，并尝试通过归一化的方法定义修正系数 MF，结合二者来得到非连续管线接头最大弯矩及转角的简化评估方法。

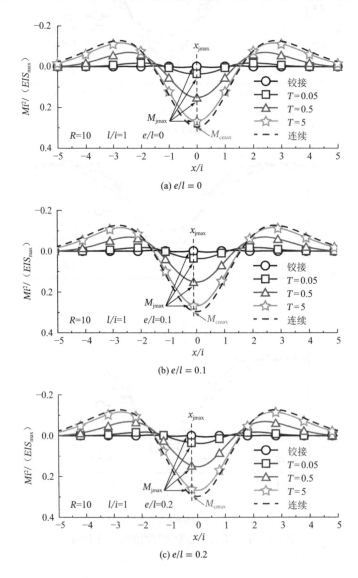

(a) $e/l = 0$

(b) $e/l = 0.1$

(c) $e/l = 0.2$

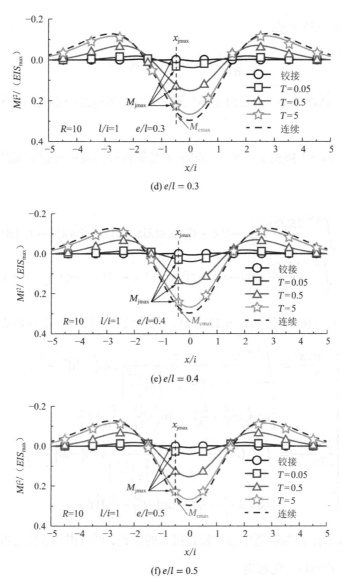

图 6.5　不同接头偏心距离管线的归一化弯矩

6.2　考虑管线接头特性的简化评估方法

6.2.1　连续管线对应接头最大弯矩解答

Attewell 等（1986）提出的管线评估方法在隧道开挖对管线影响的课题中应用广泛，假设管线和土体时刻保持接触，将管线视为 Euler-Bernoulli 梁，得到被动荷载作用下的 Winkler 地基方程：

$$\frac{\partial^4 w}{\partial x^4} + 4\lambda^4 w = 4\lambda^4 S_v(x)$$ (6.26)

式中：$\lambda = \sqrt[4]{k/4EI}$；$S_v(x)$ 为自由土体位移；x 为距离隧道中心线的水平距离；w 为管线位移。

Klar 等（2005）提出了一种 Winkler 地基解析解，隧道开挖引起的管线响应可以表示为：

$$\begin{cases} w(x) = \int_{-\infty}^{+\infty} \frac{\lambda S_v(t)}{2} \exp(-\lambda|x-t|)\left[\cos(\lambda|x-t|) - \sin(\lambda|x-t|)\right] \mathrm{d}t \\ M(x) = \int_{-\infty}^{+\infty} \frac{k S_v(t)}{4\lambda} \exp(-\lambda|x-t|)\left[\cos(\lambda|x-t|) - \sin(\lambda|x-t|)\right] \mathrm{d}t \end{cases}$$ (6.27)

将土体位移式(6.25)代入式(6.27)整理，得连续管线的归一化弯矩表达式为：

$$\begin{cases} \dfrac{w(x)}{S_{\max}} = \displaystyle\int_{-\infty}^{+\infty} \dfrac{\lambda i}{2} \dfrac{\eta}{\eta - 1 + \exp\left[\alpha\left(\frac{t}{i}\right)^2\right]} \exp\left(-\lambda i\left|\frac{x}{i} - \frac{t}{i}\right|\right) \cdot \\ \qquad\qquad \left[\cos\left(\lambda i\left|\frac{x}{i} - \frac{t}{i}\right|\right) - \sin\left(\lambda i\left|\frac{x}{i} - \frac{t}{i}\right|\right)\right] \mathrm{d}\frac{t}{i} \\ \dfrac{M(x)i^2}{EIS_{\max}} = \displaystyle\int_{-\infty}^{+\infty} (\lambda i)^3 \dfrac{\eta}{\eta - 1 + \exp\left[\alpha\left(\frac{t}{i}\right)^2\right]} \exp\left(-\lambda i\left|\frac{x}{i} - \frac{t}{i}\right|\right) \cdot \\ \qquad\qquad \left[\cos\left(\lambda i\left|\frac{x}{i} - \frac{t}{i}\right|\right) - \sin\left(\lambda i\left|\frac{x}{i} - \frac{t}{i}\right|\right)\right] \mathrm{d}\frac{t}{i} \end{cases}$$ (6.28)

通过式(6.28)，根据隧道中心线最近接头的位置，可以得到连线管线对应有接头管线接头位置处的归一化弯矩。

6.2.2 非连续管线接头修正系数

为了得到可以涵盖多数工程状况的非连续管线接头弯矩修正系数，选取合理范围内的工程参数进行交叉组合，对隧道开挖有接头地埋管线影响进行全面的分析。管节长度取为 $0.5i$、i、$2i$ 和 $4i$，自由土体位移场的形状参数取为 0.001、0.05、0.5 和 2，与 Vorster 等（2005）在研究隧道开挖对管线影响问题时的取值相同。管线接头与隧道中心线的偏心距取为 0、$0.1i$、$0.2i$、$0.3i$、$0.4i$ 和 $0.5i$，管线中心埋深取为 $3r_0$、$7r_0$ 和 $15r_0$。相对管土刚度 R 选 5 个，取值范围为 $10^{-2} \sim 10^2$；接头相对刚度 T

选 8 个，取值范围为 $10^{-6} \sim 10^{1}$。参数汇总如表 6.1 所示。

参数选取　　　　　　　　　　　　　　　　表 6.1

参数	取值	个数	总数
管节长度 l	$0.5i$, i, $2i$, $4i$	4	
土体位移场形状参数 α	0.001, 0.05, 0.5, 2	4	
管线线接头偏心距 e	0, $0.1i$, $0.2i$, $0.3i$, $0.4i$, $0.5i$	6	11520
管线中心埋深 z	$3r_0$, $7r_0$, $15r_0$	3	
管土相对刚度 R	10^{-2}, 10^{-1}, 10^{0}, 10^{1}, 10^{2}	5	
接头相对刚度 T	10^{-6}, 10^{-5}, 10^{-4}, 10^{-3}, 10^{-2}, 10^{-1}, 10^{0}, 10^{1}	8	

Klar 等（2008）证明了在研究有接头管线的响应时，T、R、l/i 是独立的参数，因此定义综合相对刚度 GRS，其形式为接头相对刚度 T，管土相对刚度 R 和管线的相对长度 l/i 的指数形式乘积组合。GRS 包含了管线接头刚度、管段刚度、土体弹性模量、管节长度、沉降曲线形状等影响因素，可较为全面地考虑隧道-管线-土体的相互影响作用。定义修正系数 $MF = \dfrac{M_{jmax}}{M_c}$ 为非连续管线接头的最大弯矩 M_{jmax} 与连续管线对应位置处弯矩 M_c 的比值，以此来建立非连续管线与连续管线的联系。以综合相对刚度 GRS 为横坐标，修正系数 MF 为纵坐标，所得结果如图 6.6 所示。

每幅图表示 1 种埋深，包含 4 种自由土体位移场的形状参数；横坐标 GRS 中，包含接头相对刚度 T 的 8 种工况，相对管土刚度 R 的 5 种工况，管线相对长度 l/i 的 4 种工况；纵坐标 MF 中，M_c 与管线接头及隧道中心线的偏心距一一对应，有 6 种情况。每 1 幅图包含 3840 种工况，3 幅图共包含 11520 种工程情况。

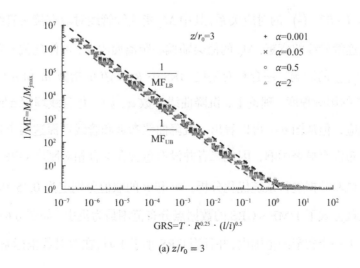

(a) $z/r_0 = 3$

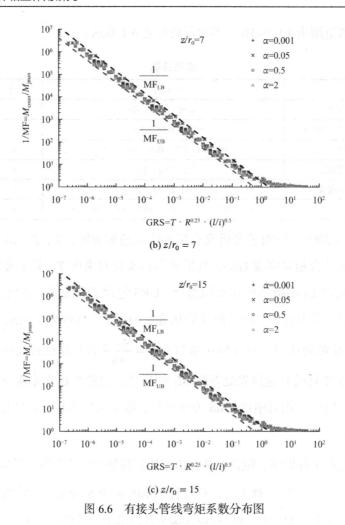

(b) $z/r_0 = 7$

(c) $z/r_0 = 15$

图 6.6 有接头管线弯矩系数分布图

图 6.6 显示了在三种不同的埋深情况下，修正系数倒数 $\frac{1}{MF} = \frac{M_c}{M_{jmax}}$ 和综合相对

刚度 $GRS = T \cdot R^m \cdot \left(\frac{l}{i}\right)^n$ 的对应关系，其中 M_c 指连续管线对应有接头管线接头最大

弯矩位置处连续管线的弯矩；M_c 的值会随偏心距离而改变，可体现偏心距离对接头

最大弯矩 M_{jmax} 的影响。综合相对刚度 GRS 中 R 和 l/i 的指数 m 和 n 代表着 R 和

l/i 相对于 T 的影响程度。理论上，沉降曲线参数 α、归一化管线埋深 z/r_0 也可能会

影响管线响应，但从图 6.6 可以看出，沉降曲线参数和管线埋深这两个参数对图像

试验点的分布没有显著影响，因此二者并没有包含在综合相对刚度 GRS 中。

通过对试验数据进行系统优化分析，m 和 n 的取值分别定为 0.25 和 0.5，此时

在当前的表现方式下 $1/MF \sim GRS$ 的数据点分布范围最为集中。如图 6.6 所示，所有

的数据都处于一个较窄的范围内，并且当 GRS 小于 1 时，在双对数坐标系下 $1/MF \sim$

GRS 呈现出较好的线性关系。若管线的综合相对刚度大于 100 时，修正系数倒数 $\frac{1}{\text{MF}}$ 趋近于 1。综合相对刚度 GRS 中参数 m 和 n 的取值小于 1 说明了 R 和 l/i 的影响程度小于 T。

6.2.3　非连续管线线弹性简化评估方法

从图 6.6 中可以看出，修正系数倒数 $\frac{1}{\text{MF}}$ 随综合相对刚度 GRS 的增大而减小，则 MF 随综合相对刚度 GRS 的增大而增大。当综合相对刚度 GRS 大于 10^2 时，修正系数 MF 的值已趋于 1，说明此时非连续管线接头的最大弯矩与连续管线的最大弯矩基本相同，接头处转角不会发生突变，此时管线的响应类似连续管线；而综合相对刚度小于 10^{-2} 时，修正系数 MF 趋于 0，接头不能承受弯矩，非连续管线可简化为铰接情况；当综合相对刚度介于 $10^{-2}\sim10^2$ 时，管线接头的性质处于铰接与连续之间。这里给出数据带的上下限拟合公式，方便选取计算。

所得数据分布区域 MF 的上限和下限值可以表示为：

$$\lg\left(\frac{1}{\text{MF}_{\text{UB}}}\right) = -0.98[\lg(\text{GRS}) + 0.25] \tag{6.29}$$

$$\lg\left(\frac{1}{\text{MF}_{\text{LB}}}\right) = -0.98[\lg(\text{GRS}) - 0.25] \tag{6.30}$$

化简，得：

$$\text{MF}_{\text{UB}} = 1.76 \cdot \text{GRS}^{0.98} \leqslant 1 \tag{6.31}$$

$$\text{MF}_{\text{LB}} = 0.56 \cdot \text{GRS}^{0.98} \leqslant 1 \tag{6.32}$$

式中：MF_{UB} 和 MF_{LB} 分别代表 MF 的上下限值，并且其值总是小于 1。需要注意的是，当综合相对刚度 GRS 处于 $1\sim100$ 时，式(6.29)～式(6.32)的计算结果并不准确，但在有接头管线的实际工程中，这种情况并不常见。修正系数 MF 的平均值的表达式如下：

$$\text{MF}_{\text{AV}} = 1.16 \cdot \text{GRS}^{0.98} \leqslant 1 \tag{6.33}$$

相对于平均值 MF_{AV}，MF 的上下界限 MF_{UB} 和 MF_{LB} 高或者低 51.7%；这个误差不可忽略，但可以作为隧道开挖引起非连续地埋管线接头最大转角的初步分析。

根据上面的工况分析，综合相对刚度所对应的修正系数值均匀地分布在一个狭长的条形带内，上下限或其平均值可作为预风险评估的设计参考。

结合连续管线对应接头位置处弯矩计算表达式(6.28)及接头弯矩修正系数，得到整个简化评估参考流程为：

（1）确定有接头管线和土体的基本参数，管线直径 D，管线长度 L，管线中心埋深 z，弯曲刚度 EI，接头转角刚度 k_j，接头偏心距 e，土体模量 E_s，泊松比 ν_s 和自由土体位移场参数 S_{max}、α、i。

（2）确定考虑应变影响的土体弹性模量 E_s。

（3）根据式(6.23)确定地埋管线的 Winkler 模量，将其代入式(6.27)计算连续管线对应于最靠近隧道中心线接头位置处的弯矩 M_c。

（4）确定管土相对刚度 $R = \frac{EI}{E_s r_0^4} \cdot \left(\frac{r_0}{i}\right)^3$，接头相对刚度 $T = \frac{k_j}{EI/i}$，以及 $GRS = T \cdot R^{0.25} \cdot \left(\frac{l}{i}\right)^{0.5}$，并将 GRS 代入式(6.31)、式(6.32)或式(6.33)来计算修正系数 MF_{UB}、MF_{LB} 或 MF_{AV}。

（5）根据需求，利用式 $M_{jmax} = MF_{UB} \cdot M_c$ 或 $M_{jmax} = MF_{LB} \cdot M_c$ 或 $M_{jmax} = MF_{AV} \cdot M_c$ 来估算有接头管线接头最大弯矩，然后通过公式 $\theta_{jmax} = \frac{M_{jmax}}{k_j}$ 来估算管线接头的最大转角。评估最大转角 θ_{jmax} 是否超过了容许值。

6.3 实例分析与对比验证

6.3.1 离心机试验

Vorster 等（2005）开展了一系列的离心试验研究砂土中隧道开挖对有接头地埋管线的影响。试验的离心机加速度为 $75g$，采用 Leighton Buzzard 砂土（$d_{50} = 0.142mm$，$e_{max} = 0.97$，$e_{min} = 0.64$），土体孔隙比为 $0.65 \sim 0.68$，平均密度为 $1.67g/cm^3$。接头管线的埋置深度为 56mm（对应的原型尺寸为 4.2m），考虑管线深度处上覆土体压力的影响，管线周围土体的弹性模量取为 89MPa，管线材质为铝合金，每节管线长度为 71.2mm（原型尺寸 $L = 5.34m$），管线由接头连接，接头的转动刚度通过标定确定，具体数值见表 6.2。试验包含了两种对称的情况（奇对称和偶对称），管线其他的几何及物理性质参数列于表 6.2 中，其中 e 表示隧道纵向轴线与其最接近管线接头的水平距离。其余详细的试验步骤及模型信息可参考 Vorster 等（2005）。通过从模型隧道中逐渐抽水来模拟隧道开挖引起的地层损失。试验测量了在地层损失为 0.3%和 2%时，管线接头为奇对称及偶对称情况下的管线沉降，共包含 4 组试验。

Vorster 等（2005）指出在弹性方法中应用小应变模量 E_{max} 进行计算会明显高估离心试验中测量到的管线变形及内力。主要原因是土体刚度随隧道开挖引起土体剪应变的增加而减小，所以此时自由土体位移对管线的限制作用也会变弱。剪应变对土体刚度的影响通常用土体刚度随剪应变增加的衰减曲线来描述。Vorster 等（2005）基于改进的高斯曲线给出了用于确定土体刚度的土体剪应变表达式，此剪应变为实际土体剪应变的下限。

在离心机试验中 Vorster 等（2005）也测量了管线旁边的土体位移，以代表管线处的自由土体位移，对自由土体位移拟合的位移参数 α、i 也列于表 6.2 中，将这些参数代入土体剪应变表达式中计算此时的土体剪应变（表 6.3）。Vorster（2005）等对试验土体模量 E_{max} 进行标定，并利用土体剪应变及 Ishibashi 和 Zhang（1993）提出的刚度曲线来计算刚度衰减系数 $\dfrac{E_s}{E_{max}}$，结果列于表 6.3 中，得到土体等效割线刚度 E_s。

将工程参数代入简化评估方法中，所得管线转角计算结果如表 6.3 及图 6.7 所示。

试验及工程参数 表 6.2

试验编号	土体位移参数			管线参数						土体弹性模量
	$S_{max}/$ m	$i/$ m	α	$l/$ m	$D/$ m	$e/$ m	$z/$ m	$EI/$ (N·m²)	$k_j/$ (kN·m/rad)	$E_{max}/$ MPa
离心机试验（偶对称）										
1（$V_L = 0.3\%$）	0.005	2.71	0.019	5.34	1.19	0	4.165	3.36×10^9	44.7	89
2（$V_L = 2\%$）	0.038	1.98	0.011	5.34	1.19	0	4.165	3.36×10^9	44.7	89
离心机试验（奇对称）										
3（$V_L = 0.3\%$）	0.005	4.34	0.061	5.34	1.19	2.67	4.165	3.36×10^9	44.7	89
4（$V_L = 2\%$）	0.038	2.03	0.011	5.34	1.19	2.67	4.165	3.36×10^9	44.7	89
现场试验										
5（$V_L = 0.5\%$）	0.0084	4.8	0.26	5.00	0.326	0.95	0.900	1.52×10^7	518	36

注：V_L 为地层体积损失率。

试验及工程接头转角计算   表 6.3

试验编号	土体剪应变/%	E_s/E_{max}	GRS	$M_c/(\text{N·m})$	接头最大转角/°			
					测量结果	预测值		
						平均/RE	上限/RE	下限/RE
离心机试验（奇对称）								
1	0.058	0.49	8.11×10^{-5}	5.1×10^2	0.052	0.074	0.11	0.036
2	0.42	0.17	1.14×10^{-4}	2.6×10^3	0.46	0.53	0.80	0.26
离心机试验（偶对称）								
3	0.091	0.41	7.53×10^{-5}	2.5×10^2	0.032	0.034	0.051	0.017
4	0.42	0.17	1.13×10^{-4}	1.58×10^3	0.26	0.32	0.48	0.16
现场试验								
5	0.11	0.22	9.5×10^{-2}	4.42	0.085	0.057	0.086	0.028

注：RE 为预测结果相对于实测结果的误差。

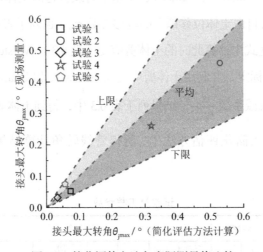

图 6.7   简化评估方法与实际测量值比较

6.3.2   工程实例-煤气管线

孙宇坤等（2009）对沿海某城市的地铁隧道近乎垂直穿越上覆既埋球墨铸铁材质煤气管的工程实例进行了原位监测分析。工程情况如图 6.8 所示。

隧道中心埋深为 15.38m，隧道直径为 6.2m，隧道和管线的夹角为 88°，近似认为隧道与管线成垂直关系，地层损失小于 0.5%。管线中心埋深为 0.9m，公称直径为 0.3m，外径为 326mm，壁厚为 8mm。土体模量根据管道附近建筑场地进行取值。采用 Loganathan 和 Poulos（1998）提出的表达式来计算隧道开挖引起的自由土体沉降。

根据铸铁管承插式接头构造对转角抗弯刚度进行估算，采用 Singhal（1984）的建议公式：

$$k_{\mathrm{j}} = \frac{4\pi D E_1 f^3}{9(a-c)} \tag{6.34}$$

式中：E_1 为橡胶垫的等效弹性模量，取为 255MPa，计算所需几何尺寸见图 6.9。

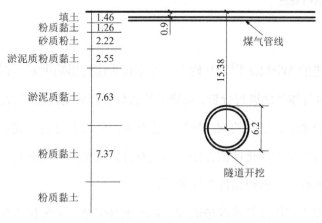

图 6.8　煤气管线工程（单位：m）

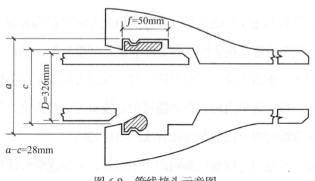

图 6.9　管线接头示意图

将相关参数代入简化评估方法中，得到管线的转角结果列于表 6.2 及图 6.7 中，并给出了相对测量值的误差。因平均值和上限值相对较为安全，这里给出平均值和上限值的计算结果。从表 6.2 所列计算结果可以看出，虽然平均值也可能低估管线的转角，但总体上能够给出更接近实际值的预测结果。在大多数情况下，上限值会高估管线最大转角的结果，在试验 1 时高估程度达到了 112%，这表明上限方法可以给出非常保守的计算结果。

从图 6.7 中可以清楚地看出，试验 1、2、3、4 接头最大转角的测量结果小于简化评估方法平均值，试验 5 接头最大转角的测量结果大于简化评估方法平均值，但本处采用的 5 组试验数据均落在简化评估方法推荐的上限值及下限值之内，这说明简化方法可以准确预测管线接头最大转角的数值范围。

6.4　本章小结

本书在改进的 Winkler 模型基础上，考虑接头位置影响因素，得到了非连续管线控制方程。对具体算例进行分析，得到了接头位置及转角刚度对管线的影响规律。基于连续管线及非连续管线的响应规律，进行系统的参数分析，建立了隧道开挖对有接头地埋管线影响的简化评估方法。通过对试验及实际工程进行计算，验证了简化评估方法的正确性。所得结论主要如下：

（1）本书基于非连续管线改进的 Winkler 地基模型，考虑接头偏移距离这一影响因素，引入接头偏心距参数，采用修正 Gaussian 曲线，得到了可考虑任意接头位置及不同土体沉降的非连续管线控制方程。采用此方法对张陈蓉等（2013）算例进行计算，对管线接头位置及接头刚度参数影响做了详细分析，结果表明，当管线接头位置从"奇对称"逐渐变化到"偶对称"时，在接头刚度相同条件下，管线的最大转角逐渐减小，最大转角出现在距离隧道中心线最近的接头上；当接头刚度逐渐增大时，有接头管线的响应逐渐与连续管线的响应趋同。

（2）引入隧道开挖对连续管线影响的弯矩解答，将非连续管线接头处的弯矩进行归一化处理，选取实际工程中常见的参数，得到非连续管线接头弯矩修正系数，并对结果进行拟合，得到了修正系数的上限、下限、平均三种公式，给出了简化评估方法的具体步骤，用以评估隧道开挖对地埋非连续管线的影响。

（3）本简化评估方法可考虑设计管线所涉及的接头刚度、管线刚度、管段长度、接头位置、土体弹性模量、土体沉降形状等参数，并且能将不同参数的计算结果归一化到一张图表上，便于查阅及工程应用。

（4）对离心试验及煤气管线案例进行计算，并将简化方法计算结果与实测结果进行对比，说明了本书方法的正确性及误差情况。计算结果表明，采用有接头管线弯矩系数分布图形的平均值拟合公式进行计算，所得管线接头转角结果具有较高的计算精度，可在较为安全的情况下得到比较接近实际情况的计算结果。

（5）通过本书的工作，可以给工程界提供一种预先判别在隧道开挖影响下有接头管线是否破坏的简化评估方法，并为隧道开挖对管线影响方法的简化打下基础，可在非线性及管隧斜交等情况中进一步研究使用。

结　语

　　针对挡墙结构与土体相互作用，本书以非饱和土体为研究对象，采用理论分析的方法，研究了基于双剪统一强度理论和三剪统一强度准则的非饱和土朗肯及库仑土压力统一解。针对管线结构与土体相互作用，本书也进行了细致的研究。城市地下空间密布大量的市政管线，为城市功能的正常发挥提供保证。地铁隧道建设往往会对既有管线造成影响，有可能导致工程事故的发生。已有的理论方法对管线接头位置的影响考虑不够全面，没有形成便于工程应用的简化评估方法；关于运动方向对管土相互作用机理的试验研究比较缺乏，未形成考虑管土运动方向的极限承载力公式；对连续管线及非连续管线管土相互作用的非线性特性研究较少。针对结构与土体相互作用问题，本书采用理论分析、试验模拟等方法进行了系统的研究，主要研究结论概括如下：

　　（1）基于双剪统一强度理论，推导了非饱和土体的双剪库仑主动土压力及双剪库仑被动土压力计算公式。所得公式综合考虑了全部主应力的影响，并考虑了非饱和土液-气交界面上的基质吸力的特性，以及外摩擦角等因素的共同影响。其中，非饱和土的双剪库仑主动土压力公式在形式上较已有的非饱和土库仑主动土压力统一解更为简洁，且形式上与已有的广义库仑理论所得到的主动土压力公式在形式上保持一致，便于工程应用及推广。非饱和土的双剪库仑被动土压力公式考虑影响因素与主动土压力相同，形式上较为复杂，可以考虑墙体及填土面的几何角度变化，与非饱和土的朗肯被动土压力统一解相比，具有一定的优越性。

　　（2）非饱和土的双剪库仑主动土压力计算公式和双剪被动土压力计算公式均可退化为已有的土压力计算公式。当 $b = 0$ 时，双剪主动及被动土压力公式退化为基于 Mohr-Coulomb 准则的非饱和土库仑主被动土压力公式；当 $b = 1$ 时，退化为基于双剪强度理论的非饱和土库仑主被动土压力公式。当外摩擦角 δ、外黏聚力 k、墙背倾角 α、填土倾角 β 和均布荷载 q 均取为 0 时，此时挡土墙墙背竖直、光滑，填土

127

水平，非饱和土的双剪库仑土压力统一解与非饱和土朗肯主动土压力统一解所得结果完全一致。

（3）基于双剪统一强度理论的双剪库仑土压力统一解中，主动土压力和被动土压力均含有中间主应力参数 b 和基质吸力 $(u_a - u_w)$ 等参数。当其他条件一定时，双剪库仑主动土压力随中间主应力参数 b 和基质吸力的增大而减小；双剪库仑被动土压力随中间主应力参数 b 和随基质吸力的增大而增大，并且影响效果非常显著。

（4）基于三剪强度准则，根据非饱和土抗剪强度的三剪统一解，提出了非饱和土三剪朗肯土压力计算公式。非饱和土三剪朗肯主、被动土压力计算公式可以较好地反映考虑中间主应力和基质吸力影响下非饱和土土压力情况，传统的朗肯土压力计算结果在本书所推导的非饱和土三剪朗肯土压力计算公式所得计算范围之内。由于中间主应力参数和基质吸力的影响，非饱和土三剪朗肯土压力计算公式所得结果较传统的朗肯土压力结果主动土压力偏小，被动土压力偏大，可以为工程带来巨大的经济效益。该计算公式还克服了双剪统一强度理论在某些应力状态下的双重破坏角问题。

（5）基于三剪强度准则，推导了非饱和土体的三剪库仑主动土压力及三剪库仑被动土压力计算公式。将所得结果与非饱和土三剪朗肯土压力以及双剪库仑土压力相比较，通过朗肯土压力和库仑土压力计算公式的转换关系说明了所得公式的正确性。非饱和土三剪库仑土压力解答考虑了全部主应力和基质吸力的影响，克服了双剪统一强度理论在某些应力状态下的双重破坏问题，并且可以适用于墙背倾斜、填土倾斜等情况。

（6）本书基于非连续管线改进的 Winkler 地基模型，考虑接头偏移距离这一影响因素，引入接头偏心距参数，采用修正 Gaussian 曲线，得到了可考虑任意接头位置及不同土体沉降的非连续管线控制方程。采用所得方法对具体算例进行计算，给出了对管线接头位置及接头刚度参数影响做了详细分析，结果表明，当管线接头位置从"奇对称"逐渐变化到"偶对称"时，在接头刚度相同条件下，管线的最大转角逐渐减小，最大转角出现在距离隧道中心线最近的接头上；当接头刚度逐渐增大时，有接头管线的响应逐渐与连续管线的响应趋同。

（7）引入隧道开挖对连续管线影响的弯矩解答，将非连续管线接头处的弯矩进行归一化处理，选取实际工程中常见的参数，得到非连续管线接头弯矩修正系数，并对结果进行拟合，得到了修正系数的上限、下限、平均三种公式，得到了隧道开挖对地埋非连续管线影响的简化评估方法。本简化评估方法可考虑设计管线所涉及的接头刚度、管线刚度、管段长度、接头位置、土体弹性模量、土体沉降形状等参数，并且能将不同参数的计算结果归一化到一张图表上，便于查阅及工程应用。将简化方法计算结果与实测结果进行对比，说明了本书方法的正确性及误差情况。计算结果表明，采用有接头管线弯矩系数分布图形的平均值拟合公式进行计算，所得管线接头转角结果具有较高的计算精度，可在较为安全的情况下得到比较接近实际情况的计算结果。

参考文献

[1] 赵俊芳, 郭建平, 徐精文, 等. 基于湿润指数的中国干湿状况变化趋势[J]. 农业工程学报, 2010, 26 (8): 18-24+386-387.

[2] 刘艳, 赵成刚, 蔡国庆, 等. 非饱和土力学理论的研究进展[J]. 力学与实践, 2015, 37(4): 457-465.

[3] Lu N, William J L. 非饱和土力学[M]. 韦昌富, 侯龙, 简文星, 译. 北京: 高等教育出版社, 2012.

[4] 丑亚玲, 陈星强, 毛建勋. 非饱和土力学研究现状与进展[J]. 兰州交通大学学报, 2014, 33(1): 138-148.

[5] 陈铁林, 陈生水, 章为民, 等. 折减吸力在非饱和土土压力和膨胀量计算中的应用[J]. 岩石力学与工程学报, 2008, 27(S2): 3341-3348.

[6] 包承纲, 詹良通. 非饱和土性状及其与工程问题的联系[J]. 岩土工程学报, 2006, 28(2): 130-136.

[7] Matsuoka H, Sun D A, Kogane A, et al. Stress-strain behaviour of unsaturated soil in true triaxial tests[J]. Canadian Geotechnical Journal, 2002, 39(3): 608-619.

[8] Macari E J, Hoyos L R. Mechanical behavior of an unsaturated soil under multi-axial stress states[J]. Geotechnical Testing Journal, 2001, 24(1): 14-22.

[9] 邢义川, 谢定义, 汪小刚, 等. 非饱和黄土的三维有效应力[J]. 岩土工程学报, 2003, 25(3): 288-293.

[10] 邵生俊, 罗爱忠, 邓国华, 等. 一种新型真三轴仪的研制与开发[J]. 岩土工程学报, 2009, 31(8): 1172-1179.

[11] 于清高, 邵生俊, 佘芳涛, 等. 真三轴条件下 Q_2 黄土的破坏模式与强度特性研究[J]. 岩土力学, 2010, 31(1): 66-70.

[12] 俞茂宏. 双剪理论及其应用[M]. 北京: 科学出版社, 1998.

[13] 俞茂宏. 岩土类材料的统一强度理论及其应用[J]. 岩土工程学报, 1994, 14(2), 1-10.

[14] 胡小荣, 俞茂宏. 材料三剪屈服准则研究[J]. 工程力学, 2006, 23(4), 6-11.

[15] 胡小荣. 基于三剪强度准则的库伦土压力计算[J]. 公路, 2010, 55(1), 18-22.

[16] 谢群丹, 何杰, 刘杰, 等. 双剪统一强度理论在土压力计算中的应用[J]. 岩土工程学报, 2003(3): 343-345.

[17] Li Y, Zhao J H, Zhu Q, et al. Unified solution of burst pressure for defect-free thin walled elbows[J]. Journal of Pressure Vessel Technology, 2015, 137(2): 021203.

[18] 李艳, 赵均海, 张常光. 非饱和土条形地基太沙基极限承载力三剪统一解[J]. 岩土力学, 2015, 36(11): 3128-3134.

[19] 王元战, 肖忠, 李元音, 等. 筒型基础防波堤土压力性状的有限元分析[J]. 岩土工程学报, 2009, 31(4): 622-627.

[20] Zhang F , Li J P , Rao P P . Numerical analysis for earth pressure of braced excavation in soft clay

considering fluid-structure coupling interaction[J]. Advances in Unsaturated Soil, Geo-Hazard, and Geo-Environmental Engineering, 2012: 117-124.

[21] 顾慰慈. 挡土墙土压力计算[M]. 北京: 中国建材工业出版社, 2001.

[22] 赵明华. 土力学与基础工程[M]. 武汉: 武汉理工大学出版社, 2009.

[23] Bishop A W. The principle of effective stress[J]. Teknisk Ukeblad, 1959, 106(39): 113-143.

[24] Jennings J E B, Burland J B. Limitations to the use of effective stresses in partly saturated soils[J]. Géotechnique, 1962, 12(2): 125-144.

[25] Coleman J D. Stress-strain relations for partly saturatedsoils[J]. Géotechnique, 1962, 12(4): 348-350.

[26] Bishop A W, Blight G E. Some aspects of effective stress insaturated and partly saturated soils[J]. Géotechnique, 1963, 13(3): 177-197.

[27] Blight G E. Effective stress evaluation for unsaturated soils[J]. Journal of the Soil Mechanics and Foundations Division, ASCE, 1967, 93(2): 125-148.

[28] Fredlund D G, Morgenstern N R. Stress state variables forunsaturated soils[J]. Journal of the Geotechnical Engineering Division, ASCE, 1977, 103(5): 447-466.

[29] 吴世明. 非饱和无黏性土的动剪切模量[J]. 岩土工程学报, 1985, 7(6): 33-41.

[30] Fredlund D G, Rahardjo H. Soil mechanics for unsaturated soils[M]. New York: John Wiley and Sons Inc., 1993.

[31] Bolzon G, Schrefler B A, Zienkiwicz O C. Elastoplastic soil constitutive laws generalized to partially saturated states[J]. Géotechnique, 1996, 46(2): 279-289.

[32] 吴剑敏, 李广信, 王成华, 等. 非饱和土基质吸力对基坑支护计算的影响[J]. 工业建筑, 2003, 33(7): 6-10.

[33] 姚攀峰, 张明, 戴荣, 等. 非饱和土的广义朗肯土压力[J]. 工程地质学报, 2004, 12(3): 285-291.

[34] 姚攀峰, 张明, 刘晓春, 等. 北京地区非饱和土土压力初步研究[J]. 建筑结构, 2005, 35(5): 57-59.

[35] 陈铁林, 陈生水, 章为民, 等. 折减吸力在非饱和土土压力和膨胀量计算中的应用[J]. 岩石力学与工程学报, 2008, 27(S2): 237-242.

[36] 陈铁林, 陈生水, 顾行文, 等. 折减吸力在膨胀土静止土压力计算中的应用[J]. 岩土工程学报, 2008, 30(2): 237-242.

[37] 张常光, 张庆贺, 赵均海. 非饱和土抗剪强度及土压力统一解[J]. 岩土力学, 2010, 31(6): 1871-1876.

[38] 赵均海, 梁文彪, 张常光, 等. 非饱和土库仑主动土压力统一解[J]. 岩土力学, 2013, 34(3): 609-614.

[39] 陈正汉. 非饱和土与特殊土力学的基本理论研究[J]. 岩土工程学报, 2014, 36(2): 201-272.

[40] 任传健, 贾洪彪. 非饱和土特性对朗肯土压力的影响[J]. 科学技术与工程, 2015, 15(25): 78-82.

[41] 赵均海, 周先成, 李艳. 基于双剪统一强度理论的非饱和土库仑被动土压力统一解[J]. 工业建筑, 2015, 45(10): 101-105.

[42] Oku H, Haimsom B, Song S R. True triaxial strength and deformability of the siltstone overlying the Chelungpu fault (Chi-Chi earthquake), Taiwan [J]. Geophysical Research Letters, 2007, 34(9): 1-5.

[43] Haimson B C, Rudnicki J W. The effect of the intermediate principal stress on fault formation and fault angle in siltstone [J]. Journal of Structural Geology, 2010, 32(11): 1701-1711.

[44] Haimson B. Consistent trends in the true triaxial strength and deformability of cores extracted from ICDP deep scientific holes on three continents [J]. Tectonophysics, 2011, 503(1/2): 45-51.

[45] 张常光, 赵均海, 杜文超. 岩石中间主应力效应及强度理论研究进展[J]. 建筑科学与工程学报, 2014, 31(2): 6-19.

[46] 高延法, 陶振宇. 岩石强度准则的真三轴压力试验检验与分析[J]. 岩土工程学报, 1993, 15(4): 26-32.

[47] 朱维申, 张乾兵, 李勇, 等. 真三轴荷载条件下大型地质力学模拟试验系统的研制及其应用[J]. 岩石力学与工程学报, 2010, 29(1): 1-7.

[48] Yu M H. Unified strength theory and its applications [M]. Berlin: Springer, 2004.

[49] 赵均海. 强度理论及其工程应用[M]. 北京: 科学出版社, 2003.

[50] 赵恒惠. 挡土墙后黏性填土的土压力计算[J]. 岩土工程学报, 1983, 5(1): 134-146.

[51] Pufahl D E, Fredlund D G, Rahardjo H. Lateral earth pressures in expansive clay soils [J]. Canadian Geotechnical Journal, 1983, 20(2): 228-241.

[52] Zhang C G, Wang J F, Zhao J H. Unified solutions for stresses and displacements around circular tunnels using the Unified Strength Theory [J]. Science China: Technological Sciences, 2010, 53(6): 1694-1699.

[53] Zhang C G, Zhao J H, Zhang Q H, et al. A new closed-form solution for circular openings modeled by the Unified Strength Theory and radius-dependent Young's modulus [J]. Computers and Geotechnics, 2012, 42: 118-128.

[54] 李艳, 赵均海, 梁文彪, 等. 考虑初应力的钢管混凝土柱轴压承载力统一解[J]. 土木建筑与环境工程, 2013, 35(3): 63-69.

[55] 赵均海, 李艳, 梁文彪, 等. 考虑初应力的哑铃型钢管混凝土拱肋极限承载力统一解[J]. 中国公路学报, 2012, 25(5): 58-66.

[56] 赵均海, 李艳, 张常光, 等. 基于统一强度理论的石油套管柱抗挤强度[J]. 石油学报, 2013, 34(5): 969-976.

[57] Wang L Z, Zhang Y Q. Plastic collapse analysis of thin-walled pipes based on unified yield criterion [J]. International Journal of Mechanical Science, 2011, 53: 348-354.

[58] Zhao J H, Zhang Y Q, Liao H J, et al. Unified limit solutions of thick wall cylinder and thick wall spherical shell with unified strength theory [J]. Chinese Journal of Applied Mechanics, 2000, 17(1): 157-161.

[59] Reed M B. Stresses and displacements around a cylindrical cavity in soft rock [J]. IMA Journal of Applied Mathematics, 1986, 36(3): 223-245.

[60] Lee Y K, Ghosh J. The significance of J3 to the prediction of shear bands [J]. International Journal of Plasticity, 1996, 12(9): 1179-1197.

[61] Fredlund D C, Morgenstem N R, Widger R A. The shear strength of unsaturated soils [J]. Canadian

Geotechnical Journal, 1978, 15(3): 313-321.

[62] 杜文超, 赵均海, 张常光, 等. 椭圆钢管混凝土轴压短柱承载力分析[J]. 混凝土, 2016(4): 46-49.

[63] Vanapalli S K, Fredlund D G, Pufahl D E, et al. Model for the prediction of shear strength with respect to soil suction [J]. Canadian Geotechnical Journal, 1996, 33(3): 379-392.

[64] Garven E A, Vanapalli S K. Evaluation of empirical procedures for predicting the shear strength of unsaturated soils [C]//Proceeding of the Fourth International Conference of Unsaturated Soil-Unsaturated Soil 2006, Carefree, 2006: 2570-2581.

[65] Oberg A L, Sallfors G. Determination of shear strength parameters of unsaturated silt and sands based on the water retention curve [J]. Geotechnical Testing Journal, 1997, 20(1): 40-48.

[66] Khalili N, Khabbaz M H. A unique relationship for χ for the determination of the shear strength of unsaturated soils [J]. Géotechnique, 1998, 48(5): 681-687.

[67] 陈仲颐, 周景星, 王洪瑾. 土力学[M]. 北京: 清华大学出版社, 1994.

[68] 胡小荣, 魏雪英, 俞茂宏. 三轴压缩下岩石屈服与破坏面角度的双剪理论分析[J]. 岩石力学与工程学报, 2003, 22(7): 1093-1098.

[69] Hou Y J, Fang Q, Zhang D L, et al. Excavation failure due to pipeline damage during shallow tunnelling in soft ground [J]. Tunnelling and Underground Space Technology, 2015, 46: 76-84.

[70] 程霖. 地铁隧道开挖引起地下管线变形的理论分析和试验研究[D]. 北京: 北京交通大学, 2021.

[71] 卢恺. 工程荷载对地埋管线纵向响应影响的模型试验与简化方法[D]. 上海: 同济大学, 2015.

[72] Kouretzis G P, Gourvenec S M. Editorial: Recent developments in pipeline geotechnics [J]. Canadian Geotechnical Journal, 2016, 53(11).

[73] Peck R B. Deep excavation and tunneling in soft ground [C]//In: Proceedings of the 7th International Conference on Soil Mechanics and Foundation Engineering, State-of-Art, Mexico City, 1969, 225-290.

[74] Cording E J. Control of ground movements around tunnels in soil [C]//In: Proc. 9th Pan-American Conference on Soil Mechanics and Foundation Engineering, Chile, 1991, 2195-2244.

[75] 刘建航, 侯学渊. 盾构法隧道[M]. 北京: 中国铁道出版社, 1991.

[76] Mair R J, Taylor R. Bored tunnelling in the urban environments [C]//In: Proceedings 14th International Conference on Soil Mechanics and Foundation Engineering. International Society for Soil Mechanics and Foundation Engineering, 1999, 2353-2385.

[77] 魏纲. 盾构隧道施工引起的土体损失率取值及分布研究[J]. 岩土工程学报, 2010, 32(9): 1354-1361.

[78] 吴昌胜, 朱志铎. 不同直径盾构隧道地层损失率的对比研究[J]. 岩土工程学报, 2018, 40(12): 2257-2265.

[79] 吴昌胜, 朱志铎. 不同隧道施工方法引起地层损失率的统计分析[J]. 浙江大学学报(工学版), 2019, 53(1): 19-30.

[80] Martos F. Concerning an approximate equation of the subsidence trough and its time factors [C]//In: Proceedings of the International Strata Control Congress, Leipzig, 1958, 191-205.

[81] Schmidt B. Settlements and ground movements associated with tunneling in soil [D]. Urbana-Champaign: University of Illinois at Urbana-Champaign, 1969.

[82] Mair R J, Taylor R N, Bracegirdle A. Subsurface settlement profiles above tunnels in clays [J]. Géotechnique, 1993, 43(2): 315-320.

[83] Clough G W, Schmidt B. Design and performance of excavations and tunnels in soft clay, Developments in geotechnical engineering [J]. Elsevier, 1981, 20: 567-634.

[84] O'reilly M P, New B. Settlements above tunnels in the United Kingdom - their magnitude and prediction [C]//In: Proceedings of Tunnelling'82, the Third International Symposium, Institution of Mining and Metallurgy, 1982, 173-181.

[85] 韩煊, 李宁, Jamie R S. 地铁隧道施工引起地层位移规律的探讨[J]. 岩土力学, 2007(3): 609-613.

[86] Moh Z, Ju D H, Hwang R. Ground movements around tunnels in soft ground [C]//In: Proceedings International Symposium on Geotechnical Aspects of Underground Construction in Soft Ground, London, Balkema A A, 1996, 725-730.

[87] Jacobsz S W. The effects of tunnelling on piled foundations [D]. London: University of Cambridge, 2003.

[88] Jacobsz S W, Standing J R, Mair R J, et al. Centrifuge modelling of tunnelling near driven piles [J]. Soils and Foundations, 2004, 44(1): 49-56.

[89] Celestino T B, Gomes R, Bortolucci A A. Errors in ground distortions due to settlement trough adjustment [J]. Tunnelling and Underground Space Technology, 2000, 15(1): 97-100.

[90] 姜忻良, 赵志民, 李园. 隧道开挖引起土层沉降槽曲线形态的分析与计算[J]. 岩土力学, 2004, 25 (10): 1542-1544.

[91] Vorster T E B, Mair R J, Soga K, et al. Centrifuge modelling of the effect of tunnelling on buried pipelines: mechanisms observed [C]//In: Proceedings of the 5th International Conference on Getechnical Aspects of Underground Construction in Soft Ground, Amsterdam, Netherlands, 2005.

[92] 韩煊, 李宁. 隧道开挖不均匀收敛引起地层位移的预测模型[J]. 岩土工程学报, 2007(3): 347-352.

[93] Rowe R K, Lo K Y, Kack G J. A method of estimating surface settlement above tunnels constructed in soft ground [J]. Canadian Geotechnical Journal, 1983, 20(1): 11-22.

[94] Lee K M, Rowe R K, Lo K Y. Subsidence owing to tunnelling. I. Estimating the gap parameter [J]. Canadian Geotechnical Journal, 1992, 29(6): 929-940.

[95] Sagaseta C. Analysis of undrained soil deformation due to ground loss [J]. Géotechnique, 1987, 37(3): 301-320.

[96] Verruijt A, Booker J R. Surface settlements due to deformation of a tunnel in an elastic half plane [J]. Géotechnique, 1996, 46(4): 753-756.

[97] Verruijt A, Booker J R. Discussion: Surface settlements due to deformation of a tunnel in an elastic half plane [J]. Géotechnique, 1998, 48(5): 709-713.

[98] Loganathan N, Poulos H G. Analytical prediction for tunneling-induced ground movements in clays [J]. Journal of Geotechnical and Geoenvironmental Engineering, 1998, 124(9): 846-856.

[99] Potts D M. Numerical analysis: a virtual dream or practical reality? [J]. Géotechnique, 2003, 53(6):

535-572.

[100] Lee G T K, Ng C W W. Effects of advancing open face tunneling on an existing loaded pile [J]. Journal of Geotechnical and Geoenvironmental Engineering, 2005, 131(2): 193-201.

[101] Cheng C Y, Dasari G R, Chow Y K, et al. Finite element analysis of tunnel-soil-pile interaction using displacement controlled model [J]. Tunnelling and Underground Space Technology, 2007, 22(4): 450-466.

[102] Liu H Y, Small J C, Carter J P, et al. Effects of tunnelling on existing support systems of perpendicularly crossing tunnels [J]. Computers and Geotechnics, 2009, 36(5): 880-894.

[103] Ng C W W, Wong K S. Investigation of passive failure and deformation mechanisms due to tunnelling in clay [J]. 2013, 50(4): 359-372.

[104] Fargnoli V, Gragnano C G, Boldini D, et al. 3D numerical modelling of soil-structure interaction during EPB tunnelling [J]. Géotechnique, 2015, 65(1): 23-37.

[105] Xie X, Yang Y, Ji M. Analysis of ground surface settlement induced by the construction of a large-diameter shield-driven tunnel in Shanghai, China [J]. Tunnelling and Underground Space Technology, 2016, 51: 120-132.

[106] Potts D M. Behaviour of lined and unlined tunnels in sand [D]. London: University of Cambridge, 1976.

[107] Mair R J. Centrifugal modelling of tunnel construction in soft clay [D]. London: University of Cambridge, 1979.

[108] Lee C J, Wu B R, Chiou S Y. Soil movements around a tunnel in soft soils [J]. Proceedings of the National Science Council, Part A: Physical Science and Engineering, 1999, 23: 235-247.

[109] Ng C W W, Wong K S. Investigation of passive failure and deformation mechanisms due to tunnelling in clay [J]. Canadian Geotechnical Journal, 2013, 50(4): 359-372.

[110] Attewell P B. Ground movements caused by tunnelling in soil [C]//In: Proceedings of the Conference on Large Ground Movements and Structures, 1978: 812-848.

[111] Taylor R N. Tunnelling in soft ground in the UK [C]//In: Proceedings of the 1994 International Symposium on Underground Construction in Soft Ground. Balkema, New Delhi, India, 1995, 123-126.

[112] Attewell P B, Yeates J. Tunnelling in soil [M]. Guildford: Surrey University Press, 1984.

[113] Hong S W, Bae G J. Ground movements associated with subway tunneling in Korea [C]//In: Proceedings of the 1994 International Symposium on Underground Construction in Soft Ground, 1994, 229-232.

[114] Cording E J. Control of ground movements around tunnels in soil [C]//In: Proc. 9th Pan-American Conference on Soil Mechanics and Foundation Engineering, Chile, 1991, 2195-2244.

[115] Marshall A M. Tunnelling in sand and its effect on pipelines and piles [D]. Guildford: University of Cambridge, 2009.

[116] Potts D M. Behaviour of lined and unlined tunnels in sand [D]. London: University of Cambridge, 1976.

[117] Mair R J. Centrifugal modelling of tunnel construction in soft clay [D]. London: University of Cambridge, 1979.

[118] Dimmock P S. Tunnelling-induced ground and building movement on the jubilee line extension [D]. London: University of Cambridge, 2003.

[119] Farrell R P. Tunnelling in sands and the response of buildings [D]. London: University of Cambridge, 2011.

[120] Sagaseta C. Analysis of undrained soil deformation due to ground loss [J]. Géotechnique, 1987, 37(3): 301-320.

[121] Loganathan N, Poulos H G. Analytical prediction for tunneling-induced ground movements in clays [J]. Journal of Geotechnical and Geoenvironmental Engineering, 1998, 124(9): 846-856.

[122] Kimura T, Mair R J. Centrifugal testing of model tunnels in soft clay [C]//In: Proceedings of the 10th International Conference on Soil Mechanics and Foundation Engineering. Balkema, 1981, 183-186.

[123] Attewell P B, Yeates J, Selby A R. Soil movements induced by tunnelling and their effects on pipelines and structures [M]. Glasgow: Blackie and Son Ltd, 1986.

[124] Vesic A B. Bending of beams resting on isotropic elastic solid [J]. Journal of the Engineering Mechanics Division, ASCE, 1961, 87(2): 35-54.

[125] Mindlin R D. Force at a point in the interior of a semi-infinite solid [J]. Physics, 1936, 7(5): 195-202.

[126] Klar A, Vorster T E B, Soga K, et al. Soil-pipe interaction due to tunnelling: comparison between Winkler and elastic continuum solutions [J]. Géotechnique, 2005, 55(6): 461-466.

[127] Vorster T E, Klar A, Soga K, et al. Estimating the effects of tunneling on existing pipelines [J]. Journal of Geotechnical and Geoenvironmental Engineering, 2005, 131(11): 1399-1410.

[128] Klar A, Vorster T E B, Soga K, et al. Elastoplastic solution for soil-pipe-tunnel interaction [J]. Journal of Geotechnical and Geoenvironmental Engineering, 2007, 133(7): 782-792.

[129] Klar A, Marshall A M. Shell versus beam representation of pipes in the evaluation of tunneling effects on pipelines [J]. Tunnelling and Underground Space Technology, 2008, 23(4): 431-437.

[130] 张坤勇, 王宇, 艾英钵. 任意荷载下管土相互作用解答[J]. 岩土工程学报, 2010, 32(8): 1189-1193.

[131] 张治国, 黄茂松, 张孟喜, 等. 城市盾构隧道施工引起临近市政管线纵向变形的位移控制分析方法[C]//第 2 届全国工程安全与防护学术会议论文集. 北京, 2010, 252-257.

[132] 张治国, 师敏之, 张成平, 等. 类矩形盾构隧道开挖引起邻近地下管线变形研究[J]. 岩石力学与工程学报, 2019, 38(4): 852-864.

[133] Wang Y, Shi J, Ng C W W. Numerical modeling of tunneling effect on buried pipelines [J]. Canadian Geotechnical Journal, 2011, 48(7): 1125-1137.

[134] Zhang Z, Huang M. Boundary element model for analysis of the mechanical behavior of existing pipelines subjected to tunneling-induced deformations [J]. Computers and Geotechnics, 2012, 46: 93-103.

[135] Zhang C, Yu J, Huang M, et al. Effects of tunnelling on existing pipelines in layered soils [J]. Computers and Geotechnics, 2012, 43(3): 12-25.

[136] Yu J, Zhang C, Huang M. Soil-pipe interaction due to tunnelling: Assessment of Winkler modulus for underground pipelines [J]. Computers and Geotechnics, 2013, 50(5): 17-28.

[137] 俞剑, 张陈蓉, 黄茂松. 被动状态下地埋管线的地基模量[J]. 岩石力学与工程学报, 2012,

31(1): 123-132.

[138] 张陈蓉, 俞剑, 黄茂松. 隧道开挖对邻近非连续接口地埋管线的影响分析[J]. 岩土工程学报, 2013, 35(6): 1018-1026.

[139] 胡愈, 王作虎. 地铁隧道开挖中地下管线的内力和变形分析[J]. 兰州理工大学学报, 2015, 41(4): 126-130.

[140] 张桓, 张子新. 盾构隧道开挖引起既有管线的竖向变形[J]. 同济大学学报(自然科学版), 2013, 41(8): 1172-1178.

[141] 魏纲, 王彬, 许讯. Pasternak 地基中盾构隧道穿越引起地下管线竖向位移[J]. 科学技术与工程, 2017, 17(33): 158-165.

[142] 刘晓强, 梁发云, 张浩, 等. 隧道穿越引起地下管线竖向位移的能量变分分析方法[J]. 岩土力学, 2014, 35 (S2): 217-222 + 231.

[143] 马少坤, 邵羽, 刘莹, 等. 不同埋深盾构双隧道及开挖顺序对临近管线的影响研究[J]. 岩土力学, 2017, 38(9): 2487-2495.

[144] 唐晓菲. 双隧道中先行隧道遮拦效应与扰动效应对地层和管线的影响研究[D]. 南宁: 广西大学, 2020.

[145] 李志南, 潘珂, 王位赢, 等. 双隧道开挖对地表沉降及地埋管线的影响研究[J]. 广西大学学报(自然科学版), 2021, 46(3): 588-597.

[146] Klar A, Marshall A M. Linear elastic tunnel pipeline interaction: the existence and consequence of volume loss equality [J]. Géotechnique, 2015, 65(9): 788-792.

[147] Klar A, Elkayam I, Marshall A M. Design oriented linear-equivalent approach for evaluating the effect of tunneling on pipelines [J]. Journal of Geotechnical and Geoenvironmental Engineering, 2016, 142(1): 04015062.

[148] Saiyar M, Ni P, Take W A, et al. Response of pipelines of differing flexural stiffness to normal faulting [J]. Géotechnique, 2016, 66(4): 275-286.

[149] 李海丽, 张陈蓉, 卢恺. 隧道开挖条件下地埋管线的非线性响应分析[J]. 岩土力学, 2018, 39(S1): 289-296.

[150] 林存刚, 黄茂松. 基于 Pasternak 地基的盾构隧道开挖非连续地下管线的挠曲[J]. 岩土工程学报, 2019, 41(7): 1200-1207.

[151] 冯国辉, 徐长节, 郑茗旺, 等. 侧向土体影响下盾构隧道引起上覆管线变形[J]. 浙江大学学报(工学版), 2021, 55(8): 1453-1463.

[152] 朱瑾如. 地下工程开挖对管线影响的 Winkler 地基非线性响应分析[D]. 上海: 同济大学, 2019.

[153] 米宣宇. 盾构隧道下穿施工对既有管线变形影响研究[D]. 徐州: 中国矿业大学, 2021.

[154] 程霖, 杨成永, 王伟, 等. 考虑轴力的管线变形控制微分方程及其优化解[J]. 华中科技大学学报(自然科学版), 2021, 49(3): 126-132.

[155] 程霖, 杨成永, 路清泉, 等. 带接头管线变形计算的传递矩阵法[J]. 湖南大学学报(自然科学版), 2021, 48(9): 79-87.

[156] 程霖, 杨成永, 马文辉, 等. 地铁隧道开挖引起的管线变形计算与试验研究[J]. 华中科技大学学报(自然科学版), 2022, 50(4): 7-13.

[157] Addenbrooke T I, Potts D M, Puzrin A M. The influence of pre-failure soil stiffness on the numerical analysis of tunnel construction [J]. Géotechnique, 1997, 47(3): 693-712.

[158] 吴波, 高波. 地铁区间隧道施工对近邻管线影响的三维数值模拟[J]. 岩石力学与工程学报, 2002, 21(S2): 2451-2456.

[159] 魏纲, 余振翼, 徐日庆. 顶管施工中相邻垂直交叉地下管线变形的三维有限元分析[J]. 岩石力学与工程学报, 2004, (15): 2523-2527.

[160] 魏纲, 魏新江, 裘新谷, 等. 过街隧道施工对地下管线影响的三维数值模拟[J]. 岩石力学与工程学报, 2009, 28(S1): 2853-2859.

[161] 刘金龙, 王吉利, 袁凡凡, 等. 隧道施工对邻近地下管线的影响分析[C]//第 2 届全国工程安全与防护学术会议, 北京, 2010: 69-73.

[162] 滕延京, 姚爱军, 衡朝阳, 等. 地铁隧道施工对周边环境影响的数值分析方法适宜性评价及其改进方法[J]. 建筑科学, 2011, 27(3): 1-4.

[163] 王霆, 罗富荣, 刘维宁, 等. 地铁车站洞桩法施工对地层和刚性接头管线的影响[J]. 岩土力学, 2011, 32(8): 2533-2538.

[164] 高永涛, 于咏妍, 吴顺川. 通车荷载下不同覆土厚度的地铁隧道开挖对管线安全性的影响[J]. 岩石力学与工程学报, 2013, 32 (S2): 3557-3564.

[165] 徐鸣阳, 郭超, 赵俭斌, 等. 地铁车站 PBA 工法施工对邻近管线的影响[C]//第 26 届全国结构工程学术会议, 长沙, 2017, 313-317.

[166] 胡愈, 姚爱军, 张剑涛. 地铁施工引发雨污管线灾变的试验研究与数值仿真[J]. 郑州大学学报(工学版), 2019, 40(6): 90-96.

[167] 冷远, 黄海华, 赵智成. 暗挖隧道施工对地下管线的影响及风险评估研究[C]//2019 年全国土木工程施工技术交流会暨《施工技术》2019 年理事会年会, 北京, 2019: 206-209.

[168] 臧晓光, 肖大健, 高景云, 等. 浅埋暗挖隧道施工引起管线沉降的数值模拟研究[C]//第 3 届全国工程安全与防护学术会议, 武汉, 2012, 536-541.

[169] Klar A, Marshall A M, Soga K, et al. Tunneling effects on jointed pipelines [J]. Canadian Geotechnical Journal, 2008, 45(1): 131-139.

[170] 向卫国, 徐玉胜. 隧道施工扰动下管线变形三维预测方法及应用[J]. 地下空间与工程学报, 2014, 10(4): 920-925.

[171] 梅佐云, 赵忠华, 宋晓光. 盾构开挖对地下管线影响的数值模拟分析[C]//第十届建筑物改造和病害处理学术研讨会、第五届工程质量学术会议, 西安, 2014: 245-249.

[172] 马林. 盾构隧道开挖对既有管线及地表的影响分析[J]. 石家庄铁道大学学报(自然科学版), 2015, 28(2): 27-31.

[173] 卜旭东. 盾构隧道施工对既有地下管线的影响研究[D]. 合肥: 合肥工业大学, 2021.

[174] 陈志敏, 茹长海, 文勇, 等. 超浅埋隧道下穿管线沉降变形及控制基准研究[J]. 公路, 2021, 66(9): 371-378.

[175] 魏畅毅, 刘飞, 董军. 矿山法隧道开挖对既有管线沉降的影响分析[C]//第 25 届全国结构工程学术会议, 包头, 2016: 79-86.

[176] Wang Y, Shi J, Ng C W W. Numerical modeling of tunneling effect on buried pipelines [J]. Canadian Geotechnical Journal, 2011, 48(7): 1125-1137.

[177] Shi J, Wang Y, Ng C W W. Buried pipeline responses to ground displacements induced by adjacent static pipe bursting [J]. Canadian Geotechnical Journal, 2013, 50(5): 481-492.

[178] 李超, 张陈蓉, 卢恺. 隧道开挖条件下地埋管线的有限元分析[J]. 地下空间与工程学报, 2016, 12(S1): 219-224.

[179] Wham B P, O'rourke T D. Jointed pipeline response to large ground deformation [J]. Journal of Pipeline Systems Engineering and Practice, 2016, 7(1): 04015009.

[180] Wham B P, Argyrou C, O'rourke T D. Jointed pipeline response to tunneling-induced ground deformation1 [J]. Canadian Geotechnical Journal, 2016, 53(11): 1794-1806.

[181] 史江伟, 陈丽. 不均匀土体位移引起地下管线弯曲变形研究[J]. 岩土力学, 2017, 38(4): 1164-1170.

[182] Singhal A C. Behavior of jointed ductile iron pipelines [J]. Journal of Transportation Engineering-Asce, 1984, 110(2): 235-250.

[183] 王正兴, 缪林昌, 王冉冉, 等. 砂土中隧道施工对相邻垂直连续管线位移影响的模型试验研究[J]. 岩土力学, 2013, 34 (S2): 143-149.

[184] 卢恺. 工程荷载对地埋管线纵向响应影响的模型试验与简化方法[D]. 上海: 同济大学, 2015.

[185] 朱治齐, 张陈蓉, 卢恺. 工程荷载对地埋管线纵向响应影响的模型试验[J]. 地下空间与工程学报, 2016, 12(S2): 518-524.

[186] 朱叶艇, 张桓, 张子新, 等. 盾构隧道推进对邻近地下管线影响的物理模型试验研究[J]. 岩土力学, 2016, 37(S2): 151-160.

[187] 黄晓康, 卢坤林, 朱大勇. 盾构施工对不同位置地下管线变形的影响模拟试验研究[J]. 岩土力学, 2017, 38(S1): 123-130.

[188] 李海丽. 隧道开挖对管线影响的应变等效分析方法与模型试验研究[D]. 上海: 同济大学, 2019.

[189] 魏纲, 王辰, 丁智, 等. 邻近管线的类矩形盾构隧道施工室内模型试验研究[J]. 岩石力学与工程学报, 2019, 38(S2): 3905-3912.

[190] 李豪杰, 朱鸿鹄, 朱宝, 等. 基于光纤监测的埋地管线沉降模型试验研究[J]. 岩石力学与工程学报, 2020, 39(S2): 3645-3654.

[191] 汪维东, 黄晓康, 朱大勇, 等. 管线渗漏对地铁盾构影响的模型试验研究[J]. 合肥工业大学学报(自然科学版), 2021, 44(5): 666-671.

[192] 周小文, 濮家骝. 砂土中隧洞开挖引起的地面沉降试验研究[J]. 岩土力学, 2002(5): 559-563.

[193] Vorster T E, Klar A, Soga K, et al. Estimating the effects of tunneling on existing pipelines [J]. Journal of Geotechnical and Geoenvironmental Engineering, 2005, 131(11): 1399-1410.

[194] Marshall A M, Klar A, Mair R J. Tunneling beneath buried pipes: view of soil strain and its effect on pipeline behavior [J]. Journal of Geotechnical and Geoenvironmental Engineering, 2010, 136(12): 1664-1672.

[195] 马险峰, 陈斌, 田小芳, 等. 盾构隧道注浆对既有隧道影响的离心模拟研究[J]. 岩土力学, 2012, 33(12): 3604-3610.

[196] 张伦政. 地下管线与土层相互作用数值模拟与离心模型试验研究[D]. 北京: 北京交通大学, 2014.

[197] Saiyar M, Moore I D, Take W A. Kinematics of jointed pipes and design estimates of joint rotation under differential ground movements [J]. Canadian Geotechnical Journal, 2015, 52(11): 1714-1724.

[198] Shi J W, Wang Y, Ng C W W. Three-dimensional centrifuge modeling of ground and pipeline response to tunnel excavation [J]. Journal of Geotechnical and Geoenvironmental Engineering, 2016, 142(11): 04016054.

[199] Wang Y, Shi J, Ng C W W. Numerical modeling of tunneling effect on buried pipelines [J]. Canadian Geotechnical Journal, 2011, 48(7): 1125-1137.

[200] 邵羽. 盾构双隧道施工对临近地埋管线的影响研究[D]. 南宁: 广西大学, 2017.

[201] 马少坤, 刘莹, 邵羽, 等. 盾构双隧道不同开挖顺序及不同布置形式对管线的影响研究[J]. 岩土工程学报, 2018, 40(4): 689-697.

[202] 田国伟, 冯运玲. 地下工程施工对地下管线变形影响的控制标准探讨[J]. 特种结构, 2012, 29(6): 85-90.

[203] 李兴高, 王霆. 刚性管线纵向应变计算及安全评价 [J]. 岩土力学, 2008, 29(12): 3299-3302+3306.

[204] 王雨, 王凯旋. 地铁隧道开挖下刚性接口管线安全控制研究[J]. 中国安全科学学报, 2021, 31(8): 97-103.

[205] 李兴高, 王霆. 柔性管线安全评价的简便方法[J]. 岩土力学, 2008, 29 (7): 1861-1864 + 1876.

[206] Trautmann C H, Orourke T D, Kulhawy F H. Uplift force-displacement response of buried pipe [J]. Journal of Geotechnical Engineering, 1985, 111(9): 1061-1076.

[207] Dickin E. Uplift resistance of buried pipelines in sand [J]. Soils and Foundations, 1994, 34: 41-48.

[208] White D J, Barefoot A J, Bolton M D. Centrifuge modelling of upheaval buckling in sand [J]. International Journal of Physical Modelling in Geotechnics, 2001, 1(2): 19-28.

[209] Byrne B W, Schupp J, Martin C M, et al. Uplift of shallowly buried pipe sections in saturated very loose sand [J]. Géotechnique, 2013, 63(5): 382-390.

[210] White D J. Soil deformation measurement using particle image velocimetry (PIV) and photogrammetry [J]. Géotechnique, 2003, 53(7): 619-631.

[211] Cheuk C Y, White D J, Bolton M D. Uplift mechanisms of pipes buried in sand [J]. Journal of Geotechnical and Geoenvironmental Engineering, 2008, 134(2): 154-163.

[212] Huang B, Liu J, Ling D, et al. Application of particle image velocimetry (PIV) in the study of uplift mechanisms of pipe buried in medium dense sand [J]. Journal of Civil Structural Health Monitoring, 2015, 5(5): 599-614.

[213] Ansari Y, Kouretzis G P, Sloan S W. Development of a prototype for modelling soil-pipe interaction and its application for predicting the uplift resistance to buried pipe movements in sand [J]. Canadian Geotechnical Journal, 2018 , 55(10): 1451-1474.

[214] Ansari Y, Kouretzis G P, Sloan S W. Physical modelling of lateral sand-pipe interaction [J]. Géotechnique, 2021, 71(1): 60-75.

[215] Wu J, Kouretzis G P, Suwal L P, et al. Shallow and deep failure mechanisms during uplift and lateral dragging of buried pipes in sand [J]. Canadian Geotechnical Journal, 2020 , 57(10): 1472-1483.

[216] Yimsiri S, Soga K, Yoshizaki K, et al. Lateral and upward soil-pipeline interactions in sand for deep embedment conditions [J]. Journal of Geotechnical and Geoenvironmental Engineering, 2004,

130(8): 830-842.

[217] Jung J K, O'rourke T D, Olson N A. Uplift soil-pipe interaction in granular soil [J]. Canadian Geotechnical Journal, 2013, 50(7): 744-753.

[218] Trautmann C H, O'rourke T D. Lateral force-displacement response of buried pipe [J]. Journal of Geotechnical Engineering, 1985, 111(9): 1077-1092.

[219] Hsu T W. Soil restraint against oblique motion of pipelines in sand [J]. Canadian Geotechnical Journal, 1996, 33(1): 180-188.

[220] Bruton D, White D, Cheuk C, et al. Pipe-soil interaction behaviour during lateral buckling [J]. SPE Projects Facilities & Construction, 2006, 1(3): 1-9.

[221] Martin C M, Kong D, Byrne B W. 3D analysis of transverse pipe-soil interaction using 2D soil slices [J]. Géotechnique Letters, 2013, 3(3): 119-123.

[222] Kouretzis G P, Sheng D, Sloan S W. Sand-pipeline-trench lateral interaction effects for shallow buried pipelines [J]. Computers and Geotechnics, 2013, 54: 53-59.

[223] Chaloulos Y K, Bouckovalas G D, Zervos S D, et al. Lateral soil-pipeline interaction in sand backfill: Effect of trench dimensions [J]. Computers and Geotechnics, 2015, 69: 442-451.

[224] Roy K, Hawlader B, Kenny S, et al. Finite element modeling of lateral pipeline-soil interactions in dense sand [J]. Canadian Geotechnical Journal, 2016, 53(3): 490-504.

[225] Hsu T W, Chen Y J, Wu C Y. Soil friction restraint of oblique pipelines in loose sand [J]. Journal of Transportation Engineering, 2001, 127(1): 82-87.

[226] Hsu T W, Chen Y J, Hung W C. Soil restraint to oblique movement of buried pipes in dense sand [J]. Journal of Transportation Engineering-Asce, 2006, 132(2): 175-181.

[227] Jung J K, O'rourke T D, Argyrou C. Multi-directional force-displacement response of underground pipe in sand [J]. Canadian Geotechnical Journal, 2016, 53(11): 1763-1781.

[228] Morshed A, Roy K, Hawlader B, et al. Numerical modelling of oblique pipe-soil interaction in dense sand [C]//In: 71st Canadian Geotechnical Conference and the 13th Joint CGS/IAH-CNC Groundwater Conference (GeoEdmonton 2018), 2018.

[229] Kong D, Zhu J, Wu L, et al. Break-out resistance of offshore pipelines buried in inclined clayey seabed [J]. Applied Ocean Research, 2020, 94: 102007.

[230] 岳红亚. 基于 PIV 技术的浅埋锚定板和管道抗拔破坏机理及计算理论研究[D]. 济南: 山东大学, 2020.